全国高职高专建筑类专业规划教材

装饰工程计量与计价

（第2版）

主　编　付庆向　楚芳芳

副主编　刘兰晶　马宏宇

　　　　柴艺超　刘建邦

主　审　陈克森

黄河水利出版社

·郑州·

内 容 提 要

本书是全国高职高专建筑类专业规划教材，是根据教育部对高职高专教育的教学基本要求及中国水利教育协会职业技术教育分会高等职业教育教学研究会组织制定的装饰工程计量与计价课程教学大纲编写完成的。本书依据工程造价专业人才培养目标和培养方案，根据国家最新颁发的《建设工程工程量清单计价规范》（GB 50500—2013）、《房屋建筑与装饰工程工程量计算规范》（GB 50854—2013）等有关要求编写。全书共分六个项目，主要内容有装饰工程计价基本原理、计价标准、依据及计价的基本程序及装饰工程造价的编制实例等。

本书既可作为高职高专院校工程造价专业学生培养综合职业能力的教材，也可供高职高专装饰工程技术、装饰艺术设计等相近专业学生和工程技术人员参考使用。

图书在版编目（CIP）数据

装饰工程计量与计价/付庆向，楚芳芳主编. —2 版. —郑州：黄河水利出版社，2020.7

全国高职高专建筑类专业规划教材

ISBN 978 - 7 - 5509 - 2736 - 0

Ⅰ. ①装…　Ⅱ. ①付…　②楚…　Ⅲ. ①建筑装饰 - 计量 - 高等职业教育 - 教材②建筑装饰 - 工程造价 - 高等职业教育 - 教材　Ⅳ. ①TU723.3

中国版本图书馆 CIP 数据核字（2020）第 126512 号

组稿编辑：王路平　电话：0371-66022212　E-mail：hhslwlp@163.com

简　群　66026749　931945687@qq.com

出 版 社：黄河水利出版社　网址：www.yrcp.com

地址：河南省郑州市顺河路黄委会综合楼 14 层　邮政编码：450003

发行单位：黄河水利出版社

发行部电话：0371 - 66026940、66020550、66028024、66022620（传真）

E-mail：hhslcbs@126.com

承印单位：河南承创印务有限公司

开本：787 mm × 1 092 mm　1/16

印张：10.5

字数：240 千字　印数：1—2 100

版次：2015 年 9 月第 1 版

2020 年 7 月第 2 版　印次：2020 年 7 月第 1 次印刷

定价：30.00 元

第 2 版前言

本书是贯彻落实《国家中长期教育改革和发展规划纲要(2010~2020 年)》、《国务院关于加快发展现代职业教育的决定》(国发〔2014〕19 号)、《现代职业教育体系建设规划(2014~2020 年)》等文件精神,在中国水利教育协会的精心组织和指导下,由中国水利教育协会职业技术教育分会高等职业教育教学研究会组织编写的第三轮建筑类专业规划教材。本套教材以学生能力培养为主线,体现出实用性、实践性、创新性的教材特色,是一套理论联系实际、教学面向生产的精品规划教材。

本书第 1 版教材自 2015 年 9 月出版以来,因其通俗易懂,全面系统,应用知识突出,可操作性强等特点,受到全国高职高专院校土建类专业师生及广大建筑从业人员的喜爱。随着我国建设理论水平的不断发展,为进一步满足教学需要,应广大读者的要求,编者对《装饰工程计量与计价》第 1 版内容进行了全面修订、补充和完善。

本书再版是依据工程造价专业人才培养方案和课程建设目标要求,并按照国家及行业有关装饰工程计量与计价的新规范、新法规、新标准编写完成的。本书在吸收有关教材和技术文献资料精华的基础上,充实了新思想、新理论、新方法和新技术。本书采用项目教学法编写,以培养学生的实践动手能力为目标,不过分苛求学科的系统性和完整性,注重学生职业能力训练和综合素质培养;编写过程中以每个教学项目的典型任务和能力训练为基础,分别完成各项小的任务,循序渐进,最终完成整个实际项目,体现了高等职业教育的特点,突出了适用性、实践性、创新性的教材特色。

本书主要介绍装饰工程造价构成;装饰工程计价方法;装饰工程消耗量定额;工程量清单计价与计量规范,主要由《建设工程工程量清单计价规范》(GB 50500—2013)、《房屋建筑与装饰工程工程量计算规范》(GB 50854—2013)组成;装饰工程清单计算与计价,主要包括楼地面工程,墙、柱面装饰与隔断、幕墙工程,天棚工程,油漆、涂料、裱糊装饰工程,其他装饰工程等的计量与计价;清单计价方式装饰工程造价文件的编制。

本书编写人员及编写分工如下:山东水利职业学院付庆向编写项目一,陕西铁路工程职业技术学院楚芳芳编写项目二,杨凌职业技术学院柴艺超编写项目三,山东水利职业学院刘兰晶编写项目四,山东水利职业学院马宏宇编写项目五,山西水利职业技术学院刘建邦编写项目六。本书由付庆向、楚芳芳担任主编，并由付庆向负责统稿；由刘兰晶、马宏宇、柴艺超、刘建邦担任副主编；由山东水利职业学院陈克森担任主审。

由于编者水平有限，书中难免存在不足之处，恳请广大读者批评指正。

编　者

2020 年 3 月

目 录

项目一　装饰工程造价构成

【知识目标】

◇掌握装饰工程费用项目的组成。

◇理解装饰工程费用项目的含义。

◇理解装饰工程项目划分与工程造价形成关系。

【能力目标】

◇能把握实际工程造价构成、内容。

◇能正确确定分部分项工程项目。

任务一　装饰工程造价概述

一、工程造价的含义

工程造价有两种含义：一是指建设一项工程预期开支或实际开支的全部固定资产投资费用。二是指工程价格，即为建成一项工程，预计或实际在土地市场、设备市场、技术劳务市场，以及承包市场等交易活动中所形成的建筑安装工程的价格和建设工程总价格。通常，人们将工程造价的第二种含义认定为工程承发包价格。

理解工程造价两种含义的意义在于，在工程建设项目的策划、评估、决策、设计、施工到竣工验收等阶段，应采用科学的计算方法和切实的计价依据，合理地确定工程造价，为实现不同的管理目标服务，提高建设项目的投资效益和建筑安装企业的经营效果。

二、工程造价的分类及作用

依据工程建设程序，工程造价文件的编制应和工程建设阶段性工作深度相适应（见图1-1）。工程造价一般分为投资估算、设计概算、修正概算、施工图预算、施工预算、工程结算和竣工决算等。在市场交易阶段又有招标控制价、投标报价等造价文件。

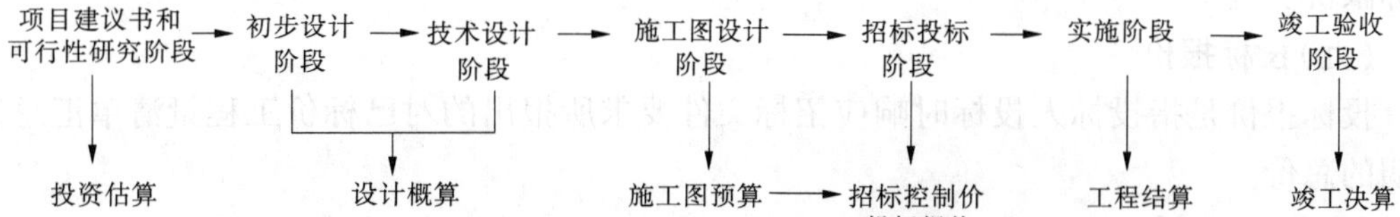

图1-1　基本建设程序与工程造价的形成关系示意图

（一）投资估算

投资估算是指在项目建议书和可行性研究阶段通过编制估算文件测算确定的工程造价。投资估算是建设项目进行决策、筹集资金和合理控制造价的主要依据。

（二）设计概算

设计概算是指在初步设计阶段，根据设计意图，通过编制工程概算文件测算和确定的工程造价。与投资估算相比，概算的准确性有所提高，但受投资估算的控制。

（三）修正概算

修正概算是指在技术设计阶段，根据技术设计的要求，通过编制修正概算文件测算和确定的工程造价。修正概算是对初步设计阶段的概算造价的修正和调整，比概算造价准确，但受概算造价控制。通常情况下，设计概算和修正概算合称为扩大的设计概算。

（四）施工图预算

施工图预算是指在施工图设计阶段，根据施工图纸，通过编制预算文件确定的工程造价。它比概算造价或修正概算造价更为详尽和准确，但同样要受前一阶段工程造价的控制。施工图预算是施工单位和建设单位签订承包合同和办理工程结算的依据，也是施工单位编制计划、实行经济核算和考核经营成果的依据。施工图预算是编制标底的依据，是投标报价的参考。

（五）施工预算

施工预算是施工单位在施工图预算的控制下，依据施工图纸和施工定额及施工组织设计编制的单位工程（或分部分项工程）施工所需的人工、材料和施工机械台班数量，是施工企业内部文件。施工预算确定的是工程计划成本。

（六）工程结算

工程结算是指发承包双方根据合同约定，对合同工程在实施中、终止时、已完工后进行的合同价款计算、调整和确认。工程结算包括期中结算、终止结算、竣工结算。

（七）竣工决算

竣工决算是指工程竣工验收交付使用阶段，以实物数量和货币指标为计量单位，综合反映竣工项目从筹建开始到项目竣工交付使用为止的全部建设费用。竣工决算是由建设单位编制的反映建设项目实际造价和投资效果的文件。

（八）招标控制价

招标控制价是指招标人根据国家或省级、行业建设主管部门颁发的有关计价依据和办法，以及拟定的招标文件和招标工程量清单，结合工程具体情况编制的招标工程的最高投标限价。

（九）投标报价

投标报价是指投标人投标时响应招标文件要求所报出的对已标价工程量清单汇总后标明的总价。

三、建设工程项目的划分

工程建设项目是一个有机的整体，为了对建设项目进行科学管理和经济核算，可将建设项目由大到小划分为各个部分。某建设项目的分解和工程造价的形成关系如图 1-2 所示。

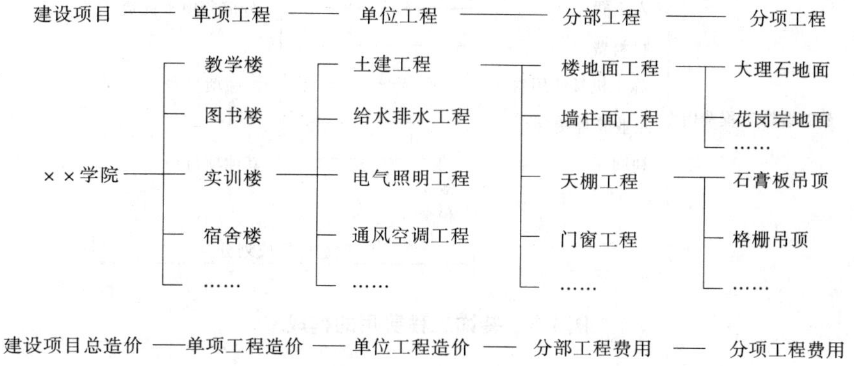

图 1-2 某建设项目的分解和工程造价的形成关系示意图

（一）单项工程

单项工程是指具有独立的设计文件，竣工后可以独立发挥生产能力或使用效益的工程，如一个工厂的生产车间，学校的教学楼、图书馆等。

（二）单位工程

单位工程是单项工程的组成部分，是指具有独立的设计文件，能单独施工，但建成后不能独立发挥生产能力或使用效益的工程，如一个教学楼的建筑与装饰工程、水电安装工程等。

（三）分部工程

分部工程是单位工程的组成部分，是按单位工程的主要部位、结构或使用的材料、施工方法等的不同而划分的，如装饰工程可分为楼地面工程、墙柱面工程、天棚工程、油漆涂料与裱糊工程、其他工程等。

（四）分项工程

分项工程是分部工程的组成部分，是建筑工程的基本构造要素。它是按照不同的施工方法、构造及不同材料的规格等，将分部工程进一步划分的，如楼地面工程中的大理石地面、花岗岩地面等。

任务二 装饰工程费用项目组成

根据住房和城乡建设部、财政部颁布的《关于印发〈建筑安装工程费用项目组成〉的通知》（建标〔2013〕44 号），我国现行装饰工程费用项目按两种不同的方式划分，即按费用构成要素划分和按造价形成划分，其具体构成如图 1-3 所示。

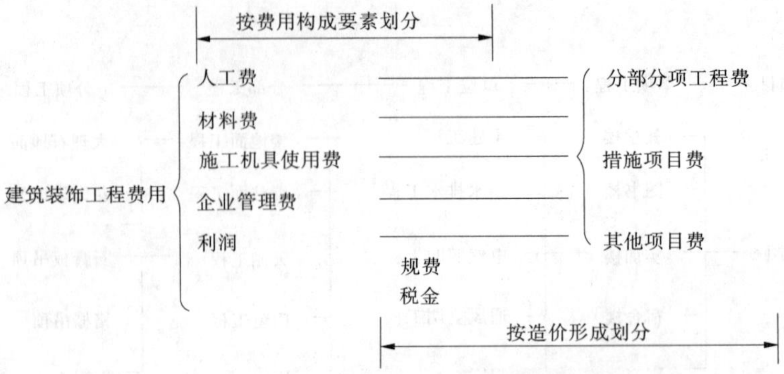

图 1-3 装饰工程费用的构成

一、装饰工程费用按费用构成要素划分

装饰工程费用按构成要素划分由人工费、材料(包含工程设备)费、施工机具使用费、企业管理费、利润、规费和税金组成。其中,人工费、材料费、施工机具使用费、企业管理费和利润包含在分部分项工程费、措施项目费、其他项目费中,见图1-4。

(一)人工费

人工费是指按工资总额构成规定,支付给从事装饰工程施工的生产工人和附属生产单位工人的各项费用。内容包括:

(1)计时工资或计件工资。是指按计时工资标准和工作时间或对已做工作按计件单价支付给个人的劳动报酬。

(2)奖金。是指对超额劳动和增收节支支付给个人的劳动报酬,如节约奖、劳动竞赛奖等。

(3)津贴、补贴。是指为了补偿职工特殊或额外的劳动消耗和因其他特殊原因支付给个人的津贴,以及为了保证职工工资水平不受物价影响支付给个人的物价补贴,如流动施工津贴、特殊地区施工津贴、高温(寒)作业临时津贴、高空津贴等。

(4)加班加点工资。是指按规定支付的在法定节假日工作的加班工资和在法定工作日工作时间外延时工作的加点工资。

(5)特殊情况下支付的工资。是指根据国家法律、法规和政策规定,因病、工伤、产假、计划生育假、婚丧假、事假、探亲假、定期休假、停工学习、执行国家或社会义务等原因按计时工资标准或计时工资标准的一定比例支付的工资。

(二)材料费

材料费是指施工过程中耗费的原材料、辅助材料、构配件、零件、半成品或成品、工程设备的费用。

工程设备费是指构成或计划构成永久工程一部分的机电设备、金属结构设备、仪器装置及其他类似的设备和装置的费用。

1. 材料费的组成

(1)材料原价。是指材料、工程设备的出厂价格或商家供应价格。

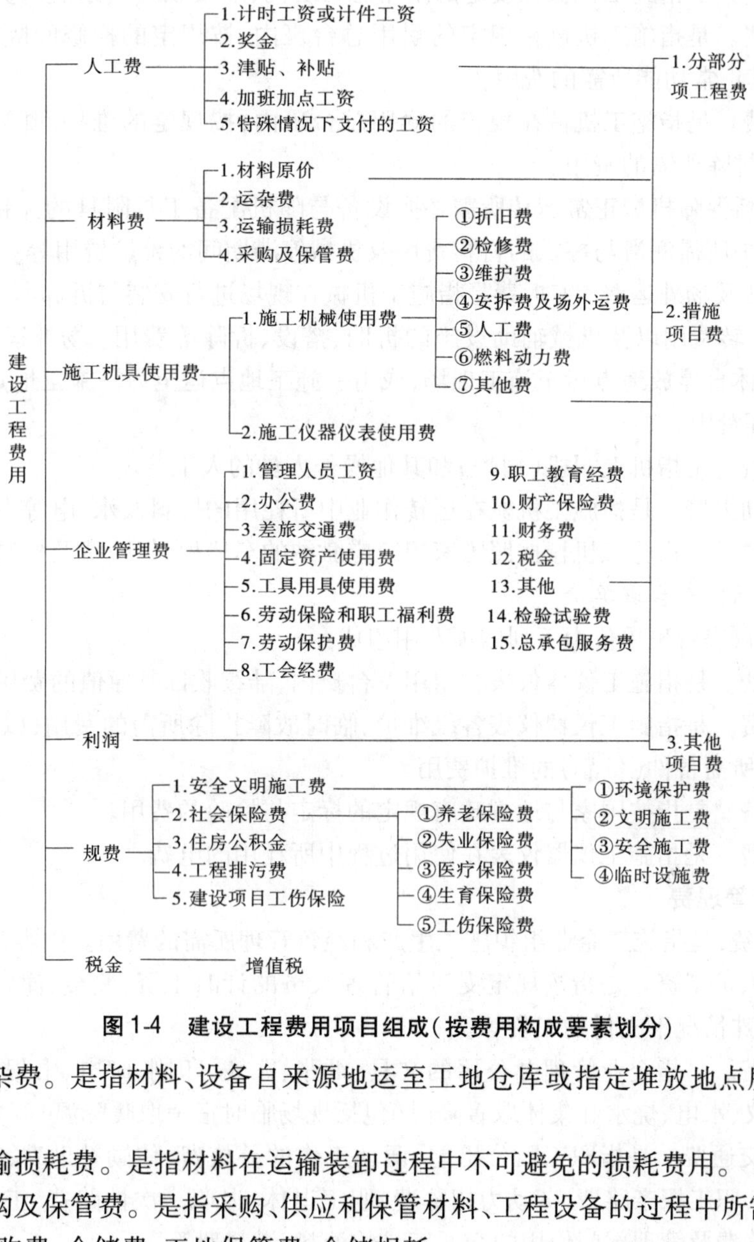

图1-4　建设工程费用项目组成（按费用构成要素划分）

（2）运杂费。是指材料、设备自来源地运至工地仓库或指定堆放地点所发生的全部费用。

（3）运输损耗费。是指材料在运输装卸过程中不可避免的损耗费用。

（4）采购及保管费。是指采购、供应和保管材料、工程设备的过程中所需要的各项费用。包括采购费、仓储费、工地保管费、仓储损耗。

2. 材料（设备）的单价计算公式

材料（设备）单价 =［（材料（设备）原价 + 运杂费）×（1 + 材料运输损耗率）］×（1 + 采购保管费率）

（三）施工机具使用费

施工机具使用费是指施工作业所发生的施工机械、仪器仪表的使用费或其租赁费。

1. 施工机械台班单价

施工机械台班单价由下列七项费用组成：

(1)折旧费。是指施工机械在规定的耐用总台班内,陆续收回其原值的费用。

(2)检修费。是指施工机械在规定的耐用总台班内,按规定的检修间隔进行必要的检修,以恢复其正常功能所需的费用。

(3)维护费。是指施工机械在规定的耐用总台班内,按规定的维护间隔进行各级维护和临时故障排除所需的费用。

维护费包括保障机械正常运转所需替换设备与随机配备工具附具的摊销费用,机械运转及日常维护所需润滑与擦拭的材料费用及机械停滞期间的维护费用等。

(4)安拆费及场外运费。安拆费是指施工机械在现场进行安装与拆卸所需的人工、材料、机械和试运转费用以及机械辅助设施的折旧、搭设、拆除等费用。场外运费是指施工机械整体或分体自停放地点运至施工现场,或由一施工地点运至另一施工地点的运输、装卸、辅助材料等费用。

(5)人工费。是指机上司机(司炉)和其他操作人员的人工费。

(6)燃料动力费。是指施工机械在运转作业中所耗用的燃料及水、电等费用。

(7)其他费。是指施工机械按照国家规定应缴纳的车船税、保险费及检测费等。

2.施工仪器仪表台班单价

施工仪器仪表台班单价由下列四项费用组成:

(1)折旧费。是指施工仪器仪表在耐用总台班内,陆续收回其原值的费用。

(2)维护费。是指施工仪器仪表各级维护、临时故障排除所需的费用,以及保证仪器仪表正常使用所需备件(备品)的维护费用。

(3)校验费。是指按国家与地方政府规定的标定与检验的费用。

(4)动力费。是指施工仪器仪表在使用过程中所耗用的电费。

(四)企业管理费

企业管理费,是指施工企业组织施工生产和经营管理所需的费用。内容包括:

(1)管理人员工资。是指按规定支付给管理人员的计时工资、奖金、津贴补贴、加班加点工资及特殊情况下支付的工资等。

(2)办公费。是指企业管理办公用的文具、纸张、账表、印刷、邮电、书报、办公软件、现场监控、会议、水电、烧水和集体取暖降温(包括现场临时宿舍取暖降温)等费用。

(3)差旅交通费。是指职工因公出差、调动工作的差旅费、住勤补助费,市内交通费和误餐补助费,职工探亲路费,劳动力招募费,职工退休、退职一次性路费,工伤人员就医路费,工地转移费及管理部门使用的交通工具的油料、燃料费等。

(4)固定资产使用费。是指管理和试验部门及附属生产单位使用的属于固定资产的房屋、设备、仪器等的折旧、大修、维修或租赁费。

(5)工具用具使用费。是指企业施工生产和管理使用的不属于固定资产的工具、器具、家具、交通工具和检验、试验、测绘、消防用具等的购置、维修和摊销费。

(6)劳动保险和职工福利费。是指由企业支付的职工退职金、按规定支付给离休干部的经费、集体福利费、夏季防暑降温补贴、冬季取暖补贴、上下班交通补贴等。

(7)劳动保护费。是指企业按规定发放的劳动保护用品的支出,如工作服、手套、防暑降温饮料，以及在有碍身体健康的环境中施工的保健费等。

(8)工会经费。是指企业按《中华人民共和国工会法》规定的全部职工工资总额比例计提的工会经费。

(9)职工教育经费。是指按职工工资总额的规定比例计提，企业为职工进行专业技术和职业技能培训、专业技术人员继续教育、职工职业技能鉴定、职业资格认定及根据需要对职工进行各类文化教育所发生的费用。

(10)财产保险费。是指施工管理用财产、车辆等的保险费用。

(11)财务费。是指企业为施工生产筹集资金或提供预付款担保、履约担保、职工工资支付担保等所发生的各种费用。

(12)税金。是指企业按规定缴纳的房产税、车船使用税、土地使用税、印花税、城市维护建设税、教育费附加及地方教育附加、水利建设基金等。

(13)其他。包括技术转让费、技术开发费、投标费、业务招待费、绿化费、广告费、公证费、法律顾问费、审计费、咨询费、保险费等。

(14)检验试验费。是指施工企业按照有关标准规定，对建筑及材料、构件和建筑安装物进行一般鉴定、检查所发生的费用，包括自设试验室进行试验所耗用的材料等费用。一般鉴定、检查，是指按相应规范所规定的材料品种、材料规格、取样批量、取样数量、取样方法和检测项目等内容所进行的鉴定、检查。例如，砌筑砂浆配合比设计、砌筑砂浆抗压试块、混凝土配合比设计、混凝土抗压试块等施工单位自制或自行加工材料按规范规定的内容所进行的鉴定、检查。

(15)总承包服务费。是指总承包人为配合、协调发包人根据国家有关规定进行专业工程发包、自行采购材料、设备等进行现场接收、管理(非指保管)以及施工现场管理、竣工资料汇总整理等服务所需的费用。

(五)利润

利润是指施工企业完成所承包工程获得的盈利。

(六)规费

规费是指按国家法律、法规规定，由省级政府和省级有关权力部门规定必须缴纳或计取的费用。规费包括以下内容：

1.安全文明施工费

(1)环境保护费。是指施工现场为达到环保部门要求所需要的各项费用。

(2)文明施工费。是指施工现场文明施工所需要的各项费用。

(3)安全施工费。是指施工现场安全施工所需要的各项费用。

(4)临时设施费。是指施工企业为进行建设工程施工所必须搭设的生活和生产用的临时建筑物、构筑物和其他临时设施费用。

临时设施包括办公室、加工场(棚)、仓库、堆放场地、宿舍、卫生间、食堂、文化卫生用房与构筑物，以及规定范围内的道路、水、电、管线等临时设施和小型临时设施。

临时设施费，包括临时设施的搭设、维修、拆除、清理费或摊销费等。

2. 社会保险费

(1)养老保险费。是指企业按照规定标准为职工缴纳的基本养老保险费。

(2)失业保险费。是指企业按照规定标准为职工缴纳的失业保险费。

(3)医疗保险费。是指企业按照规定标准为职工缴纳的基本医疗保险费。

(4)生育保险费。是指企业按照规定标准为职工缴纳的生育保险费。

(5)工伤保险费。是指企业按照规定标准为职工缴纳的工伤保险费。

3. 住房公积金

住房公积金,是指企业按规定标准为职工缴纳的住房公积金。

4. 工程排污费

工程排污费,是指按规定缴纳的施工现场的工程排污费。

5. 建设项目工伤保险

建设项目工伤保险,按《关于转发人社部发〔2014〕103 号文件明确建筑业参加工伤保险有关问题的通知》(鲁人社发〔2015〕15 号),在工程开工前向社会保险经办机构缴纳,应在建设项目所在地参保。

按建设项目参加工伤保险的,建设项目确定中标企业后,建设单位在项目开工前将工伤保险费一次性拨付给总承包单位,由总承包单位为该建设项目使用的所有职工统一办理工伤保险参保登记和缴费手续。

按建设项目参加工伤保险的房屋建筑和市政基础设施工程,建设单位在办理施工许可手续时,应当提交建设项目工伤保险参保证明,作为保证工程安全施工的具体措施之一。安全施工措施未落实的项目,住房和城乡建设主管部门不予核发施工许可证。

(七)税金

税金,是指国家税法规定应计入装饰工程造价内的增值税。其中,甲供材料、甲供设备不作为增值税计税基础。

二、装饰工程费用按造价形成划分

装饰工程费用按造价形成划分为分部分项工程费、措施项目费、其他项目费、规费、税金。分部分项工程费、措施项目费、其他项目费包含人工费、材料费、施工机具使用费、企业管理费和利润(见图 1-5)。

(一)分部分项工程费

分部分项工程费,是指各专业工程的分部分项工程应予列支的各项费用。

(1)专业工程。是指按现行国家计量规范划分的房屋建筑与装饰工程、通用安装工程、市政工程、园林绿化工程等。

(2)分部分项工程。是指按现行国家计量规范或现行消耗量定额对各专业工程划分的项目,如房屋建筑与装饰工程划分的土石方工程、地基处理与边坡支护、地基处理与边坡支护工程、桩基础工程、砌筑工程、钢筋及混凝土工程等。

(二)措施项目费

措施项目费,是指为完成工程项目施工,发生于该工程施工准备和施工过程中的技

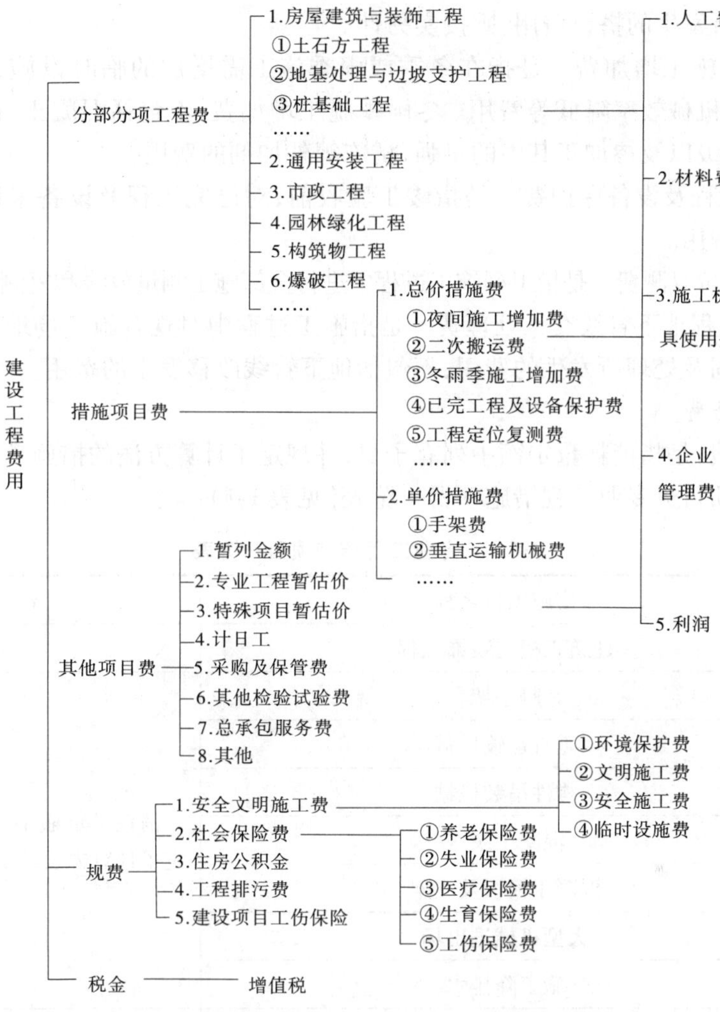

图1-5　建设工程费用项目组成(按造价形成划分)

术、生活、安全、环境保护等方面的项目费用。

1.总价措施费

总价措施费,是指省建设行政主管部门根据建筑市场状况和多数企业经营管理情况、技术水平等测算发布了费率的措施项目费用。主要内容包括:

(1)夜间施工增加费。是指因夜间施工所发生的夜班补助、夜间施工降效、夜间施工照明设备摊销及照明用电等费用。

(2)二次搬运费。是指因施工场地条件限制而发生的材料、构配件、半成品等一次运输不能到达堆放地点,必须进行二次或多次搬运所发生的费用。施工现场场地的大小,因工程规模、工程地点、周边情况等因素的不同而各不相同,一般情况下,场地周边围挡范围内的区域,为施工现场。若确因场地狭窄,按经过批准的施工组织设计,必须在施工现场之外存放材料或必须在施工现场采用立体架构形式存放材料，其由场外到场内的运输费用或立体架构所发生的搭设费用，则按实另计。

(3)冬雨季施工增加费。是指在冬季或雨季施工需增加的临时设施、防滑、排除雨雪，人工及施工机械效率降低等费用。冬雨季施工增加费，不包括混凝土、砂浆的骨料搅拌、提高强度等级以及掺加于其中的早强、抗冻等外加剂的费用。

(4)已完工程及设备保护费。是指竣工验收前，对已完工程及设备采取的必要保护措施所发生的费用。

(5)工程定位复测费。是指工程施工过程中进行全部施工测量放线和复测工作的费用。

(6)市政工程地下管线交叉处理费。是指施工过程中对现有施工场地内各种地下交叉管线进行加固及处理所发生的费用，不包括地下管线改移发生的费用。

2. 单价措施费

单价措施费，是指消耗量定额中列有子目，并规定了计算方法的措施项目费用。

单价措施项目见专业工程措施项目一览表(见表1-1)。

表1-1 专业工程措施项目一览表

序号	措施项目名称	备注
1	建筑工程与装饰工程	
1.1	脚手架	消耗量定额中列有子目，并规定了计算方法的单价措施项目
1.2	垂直运输机械	
1.3	构件吊装机械	
1.4	混凝土泵送	
1.5	混凝土模板及支架	
1.6	大型机械进出场	
1.7	施工降排水	
2	安装工程	
2.1	吊装加固	
2.2	金属抱杆安装、拆除、移位	
2.3	平台铺设、拆除	
2.4	顶升、提升装置	
2.5	大型设备专用机具	
2.6	焊接工艺评定	
2.7	胎(爆)具制作、安装、拆除	
2.8	防护棚制作、安装、拆除	
2.9	特殊地区施工增加	

续表 1-1

序号	措施项目名称	备注
2.10	安装与生产同时进行施工增加	
2.11	在有害身体健康环境中施工增加	
2.12	工程系统检测、检验	
2.13	设备、管道施工的安全、防冻和焊接保护	
2.14	焦炉烘炉、热态工程	
2.15	管道安拆后的充气保护	
2.16	隧道内施工的通风、供水、供气、供电、照明及通信设施	

（三）其他项目费

(1)暂列金额。是指建设单位在工程量清单中暂定,并包括在工程合同价款中的一笔款项,用于施工合同签订时尚未确定或不可预见的材料、设备、服务的采购,施工中可能发生的工程变更、合同约定调整因素出现时工程价款的调整,以及发生的索赔、现场签证等费用。

暂列金额,包含在投标总价和合同总价中,但只有施工过程中实际发生了,并且符合合同约定的价款支付程序,才能纳入到竣工结算价款中。暂列金额,扣除实际发生金额后的余额,仍属于建设单位所有。

暂列金额,一般可按分部分项工程费的10% ~15%估列。

(2)专业工程暂估价。是指建设单位根据国家相应规定,预计需由专业承包人另行组织施工、实施单独分包(总承包人仅对其进行总承包服务),但暂时不能确定准确价格的专业工程价款。

专业工程暂估价,应区分不同专业,按有关计价规定估价,并仅作为计取总承包服务费的基础,不计入总承包人的工程总造价。

(3)特殊项目暂估价。是指未来工程中肯定发生、其他费用项目均未包括,但由于材料、设备,或技术工艺的特殊性,没有可参考的计价依据、事先难以准确确定其价格、对造价影响较大的项目费用。

(4)计日工。是指在施工过程中,承包人完成建设单位提出的工程合同范围以外的、突发性的零星项目或工作,按合同中约定的单价计价的一种方式。

计日工,不仅指人工,零星项目或工作使用的材料、机械,均应计列于本项之下。

(5)采购及保管费。

(6)其他检验试验费。检验试验费,不包括相应规范规定之外要求增加鉴定、检查的费用,新结构、新材料的试验费用,对构件做破坏性试验及其他特殊要求检验试验的费用,建设单位委托检测机构进行检测的费用等。此类检测发生的费用,在该项中列支。

建设单位对施工单位提供的、具有出厂合格证明的材料要求进行再检验、经检测不合格的，该检测费用由施工单位支付。

(7)总承包服务费。计算公式如下

总承包服务费＝专业工程暂估价(不含设备费)×相应费率

(8)其他。包括工期奖惩、质量奖惩等，均可计列于本项之下。

(四)规费

(1)安全文明施工费，详见表1-2。

(2)社会保险费。

(3)住房公积金。

(4)工程排污费。

(5)建设项目工伤保险。

表1-2　安全文明施工措施项目清单

类别	项目名称	具体要求
环境保护费	材料堆放	(1)材料、构件、料具等堆放时，悬挂有名称、品种、规格等标牌。 (2)水泥和其他易飞扬细颗粒建筑材料应密闭存放或采取覆盖等措施。 (3)易燃、易爆和有毒有害物品分类存放
环境保护费	垃圾清运	施工现场应设置密闭式垃圾站，施工垃圾、生活垃圾应分类存放。施工垃圾必须采用相应容器或管道运输
环境保护费	环保部门要求所需要的其他保护费用	
文明施工费	施工现场围挡	(1)现场采用封闭围挡，高度≥1.8 m。 (2)围挡材料可采用彩色、定型钢板，砖、混凝土砌块等墙体
文明施工费	五板一图	在进门处悬挂工程概况、管理人员名单及监督电话、安全生产、文明施工、消防保卫五板，施工现场总平面图
文明施工费	企业标志	现场出入的大门应设有本企业标识或企业标识
文明施工费	场容场貌	(1)道路畅通。 (2)排水沟、排水设施通畅。 (3)工地地面硬化处理。 (4)绿化
文明施工费	宣传栏等	
文明施工费	其他有特殊要求的文明施工做法	

续表 1-2

类别	项目名称		具体要求
临时设施费	现场办公生活设施		(1)临时宿舍、文化福利及公用事业房屋与构筑物、仓库、办公室、加工厂以及规定范围内道路等临时设施。 (2)施工现场办公、生活区与作业区分开设置,并保持安全距离。 (3)工地办公室、现场宿舍、食堂、厕所、饮水、休息场所符合卫生和安全要求
	施工现场临时用电	配电线路	(1)按照 TN－S 系统要求配备五芯电缆、四芯电缆和三芯电缆。 (2)按要求架设临时用电线路的电杆、横担、瓷夹、瓷瓶等,或电缆埋地的地沟。 (3)对靠近施工现场的对外电线路,设置木质、塑料等绝缘体的防护设施
		配电箱开关箱	(1)按三级配电要求,配备总配电箱、分配电箱、开关箱三类标准电箱。开关箱应符合一机、一箱、一闸、一漏。三类电箱中的各类电器应是合格品。 (2)按两级保护的要求,选取符合容量要求和质量合格的总配电箱和开关箱中的漏电保护器
		接地装置保护	施工现场保护零线的重复接地应不少于三处
	施工现场临时设施用水		生活用水
			施工用水
安全施工费	接料平台		(1)在脚手架横向外侧 1 ~2 处的部位,从底部随脚手架同步搭设;包括架杆、扣件、脚手板、拉结短管基础垫板和钢底座。 (2)在脚手架横向 1 ~2 处的部位,在建筑物层间地板处用两根型钢外挑,形成外挑平台。包括两根型钢、预埋件、斜拉钢丝绳、平台底座垫板、平台进(出)料口门以及周边两道水平栏杆
	上下脚手架人行通道(斜道)		多层建筑施工随脚手架搭设的上下脚手架的斜道,一般成"之"字形
	一般防护		安全网(水平网、密目式立网)、安全帽、安全带
	通道棚		包括杆架、扣件、脚手板
	防护围栏		建筑物作业周边防护栏杆,施工电梯和物料提升机吊篮升降处防护栏杆,配电箱和固位使用的施工机械周边围栏、防护棚,基坑周边防护栏杆以及上下人斜道防护栏杆
	消防安全防护		灭火器、砂箱、消防水桶、消防铁锨(钩)、高层建筑物安装消防水管(钢管、软管)、加压泵等

续表 1-2

<table>
<tr><th>类别</th><th colspan="2">项目名称</th><th>具体要求</th></tr>
<tr><td rowspan="11">安全施工费</td><td rowspan="7">临边洞口交叉高处作业防护</td><td>楼板、层面、阳台等临边防护</td><td>用密目式安全立网全封闭,作业层另加两边防护栏杆和 18 cm 高的踢脚板</td></tr>
<tr><td>通道口防护</td><td>设防护棚,防护棚应为≥5 cm 厚的木板或两道相距 50 cm 的竹笆。两侧应沿栏杆架用密目式安全网封闭</td></tr>
<tr><td>预留洞口防护</td><td>用木板全封闭;短边超过 1.5 m 长洞口,除封闭外四周还应设有防护栏杆</td></tr>
<tr><td>电梯井口防护</td><td>设置定型化、工具化、标准化的防护门;在电梯井内每隔两层(<10 m)设置一道安全平网</td></tr>
<tr><td>楼梯边防护</td><td>设 1.2 m 高的定型化、工具化、标准化的防护栏杆,18 cm 高的踢脚板</td></tr>
<tr><td>垂直方向交叉作业防护</td><td>设置防护隔离棚或其他设施</td></tr>
<tr><td>高空作业防护</td><td>有悬挂安全带的悬索或其他设施;有操作平台;有上下的梯子或其他形式的通道</td></tr>
<tr><td colspan="2">安全警示标志牌</td><td>危险部位悬挂安全警示牌、各类建筑材料及废弃物堆放标志牌</td></tr>
<tr><td colspan="2">其他</td><td>各种应急救援预案的编制、培训和有关器材的配置及检修等费用</td></tr>
<tr><td colspan="3">其他必要的安全措施</td></tr>
<tr><td colspan="3">危险性较大工程的安全措施费,各市根据实际情况而定</td></tr>
</table>

(五)税金

税金,是指国家税法规定应计入装饰工程造价内的增值税。

【实战演练 1-1】 查阅工程造价文件,能正确确定分部分项工程项目。

1. 任务要求

列出查阅文件的分部分项工程项目名称(列项)。

2. 任务分析与实施

(1)任何一个建设项目都可以分解为一个或几个单项工程,任何一个单项工程都是由一个或几个单位工程所组成的。作为单位工程的各类建筑与装饰工程仍然是一个比较复杂的综合实体,还需要进一步分解。单位工程可以按照结构部位、施工特点或施工任务分解为分部工程。分解成分部工程后,从工程计价的角度,还需要把分部工程按照不同的施工方法、材料、工序等,加以更为细致的分解,划分为更为简单细小的部分,即分项工程。分解到分项工程后还可以根据需要进一步划分或组合为定额项目或清单项目,这样就可以得到基本构造单元了。

(2)工程造价编制时,首先要对建设项目进行分解列项,按构成进行分部分项工程计算,并逐层汇总。其计算顺序是:分部分项工程造价—单位工程造价—单项工程造价—建设项目总造价。

(3)查阅工程造价文件。

(4)设计表格,统计记录查阅工程的项目划分情况,特别是分项工程的划分情况。

3. 讨论与总结

(1)对比分析查阅工程中工程量清单计价项目与定额计价项目划分异同。

(2)对比分析本地区现行的装饰工程消耗量定额与《全国统一建筑装饰装修工程消耗量定额》项目划分情况。

(3)建设项目是兼具单件性与多样性的集合体。每一个建设项目的建设都需要按业主的特定需要进行单独设计、单独施工,不能批量生产和按整个项目确定价格,只能采用特殊的计价程序和计价方法,即将整个项目进行分解、划分为可以按有关技术经济参数测算价格的基本构造单元(如定额项目、清单项目),这样就可以计算出基本构造单元的费用。一般来说,分解结构层次越多,基本子项也越细,计算也更精确。

【实战演练 1-2】 查阅工程造价文件,理解建设工程费用项目组成及含义。

1. 任务要求

列出本地区现行的装饰工程费用项目。

2. 任务分析与实施

(1)现行招标控制价或投标报价等造价文件的造价构成、计价方式。我国现行装饰工程费用项目按两种不同的方式划分,即按费用构成要素划分和按造价形成划分。

(2)工程费用项目构成会因工程类别、等级、地区不同而发生变化,而且随着时间的推移及生产力和科学技术水平的提高,也将发生变化。

(3)查阅有关工程造价文件(定额计价),分析文件中人工费、材料费、施工机具使用费、企业管理费、利润、规费和税金各项费用的计算。

(4)查阅工程造价文件(清单计价),分析文件中分部分项工程费、措施项目费、其他项目费、规费和税金各项费用的计算。

(5)列出本地区现行的装饰工程费用项目构成。

3. 讨论与总结

对比分析本地区装饰工程费用项目构成与建标〔2013〕44 号文的异同。

习 题

一、单项选择题(每题 0.5 分,共 4 分)

1. 从业主角度出发,工程造价是指(　　)。

A. 工程承发包价格　　B. 全部固定资产投资费用

C. 建设项目总投资　　D. 建筑安装工程费用

2. 在施工图设计完成后，根据设计图纸、预算定额、费用计算规定及有关文件，详细计算工程所需费用的文件，称为(　　)。

A. 设计概算　　B. 施工图预算

C. 施工预算　　D. 工程结算

3. 施工单位在施工前根据施工图纸、施工定额、施工组织、施工技术及现场实际情况计算工程的文件是(　　)。

A. 设计概算　　B. 施工图预算

C. 施工预算　　D. 工程结算

4. 下列工程属于分部分项工程的是(　　)。

A. 教学楼　　B. 实训楼

C. 土建工程　　D. 大理石楼地面

5. 根据《关于印发〈建筑安装工程费用项目组成〉的通知》(建标〔2013〕44号)，脚手架费用属于(　　)。

A. 分部分项工程费　　B. 措施项目费

C. 其他项目费　　D. 企业管理费

6. 根据《关于印发〈建筑安装工程费用项目组成〉的通知》(建标〔2013〕44号)，为从事装饰工程施工的油漆工开支的各项费用属于(　　)。

A. 人工费　　B. 规费

C. 管理人员的工资　　D. 企业管理费

7. 根据《关于印发〈建筑安装工程费用项目组成〉的通知》(建标〔2013〕44号)，管理人员工资属于(　　)。

A. 人工费　　B. 措施项目费

C. 直接工程费　　D. 企业管理费

8. 施工企业为装饰工人支付的工伤保险属于建筑安装工程中的(　　)。

A. 人工费　　B. 措施项目费

C. 规费　　D. 企业管理费

二、多项选择题(每题2分，共6分)

1. 安全文明施工费主要包括(　　)。

A. 环境保护费　　B. 文明施工费　　C. 安全施工费

D. 企业管理费　　E. 临时设施费

2. 措施项目费主要包括(　　)。

A. 二次搬运费　　B. 文明施工费　　C. 安全施工费

D. 企业管理费　　E. 临时设施费

3. 社会保险费主要包括(　　)。

A. 住房公积金　　B. 失业保险费　　C. 工伤保险

D. 医疗保险费　　E. 工程排污费

项目二　装饰工程计价方法

【知识目标】

◇知道装饰工程计价标准和依据。

◇理解工程计量和工程计价基本原理。

◇知道本地区的装饰工程计价程序。

【能力目标】

◇能根据实际工程情况选用计价标准和依据。

◇会依据本地区计价程序计算各项费用。

任务一　装饰工程计价基本原理

装饰工程计价是指按照规定的程序、方法和依据，对工程造价及其构成内容进行估计或确定的行为。工程造价计价的主要思路就是将装饰工程项目细分至最基本的构造单元，找到适当的计量单位及当时当地的单价，采取一定的计价方法，进行分部组合汇总，计算出相应工程造价。工程计价的基本原理就在于项目的分解与组合。

工程计价的基本原理可以用公式的形式表达如下：

分部分项工程费 = ∑[基本构造单元工程量(定额项目或清单项目)×相应单价]

工程造价的计价可分为工程计量和工程计价两个环节。

一、工程计量

工程计量工作包括工程项目的划分和工程量的计算。

(1)单位工程基本构造单元的确定，即划分工程项目。编制工程概算预算时，主要是按工程定额进行项目的划分；编制工程量清单时，主要是按照工程量清单计量规范规定的清单项目进行划分。

(2)工程量的计算就是按照工程项目的划分和工程量计算规则，就施工图设计文件和施工组织设计对分项工程实物量进行计算。工程实物量是计价的基础，不同的计价依据有不同的计算规则规定。目前，工程量计算规则包括两大类：①各类工程定额规定的计算规则；②各专业工程计算规范附录中规定的计算规则。

二、工程计价

工程计价包括工程单价的确定和总价的计算。

(一)工程单价

工程单价是指完成单位工程基本构造单元的工程量所需要的基本费用。工程单价包括工料单价和综合单价。

(1)工料单价也称直接工程费单价，包括人工费、材料费、机械台班费，是各种人工消耗量、各种材料消耗量、各类机械台班消耗量与其相应单价的乘积。可用下式表示：

$$工料单价 = \sum(人材机消耗量 \times 人材机单价)$$

(2)综合单价包括人工费、材料费、机械台班费，还包括企业管理费、利润和风险因素。综合单价根据国家、地区、行业定额或企业定额消耗量和相应生产要素的市场价格来确定。

(二)工程总价

工程总价是指经过规定的程序或办法逐级汇总形成的相应工程造价。

根据采用单价的不同，总价的计算程序有所不同。

(1)采用工料单价时，在工料单价确定后，乘以相应定额项目工程量并汇总，得出相应工程直接工程费，再按照相应的取费程序计算其他各项费用，汇总后形成相应工程造价。

(2)采用综合单价时，在综合单价确定后，乘以相应项目工程量，经汇总即可得出分部分项工程费，再按相应的办法计取措施项目、其他项目、规费项目、税金等的项目费，各项目费汇总后得出相应工程造价。

任务二　装饰工程计价标准和依据

工程计价标准和依据主要包括计价活动的相关规章规程、工程量清单计价和计量规范、工程定额和相关工程造价信息。

一、计价活动的相关规章规程

现行计价活动的相关规章规程主要包括建筑工程发包与承包计价管理办法、建设项目投资估算编审规程、建设项目设计概算编审规程、建设项目施工图预算编审规程、建设工程招标控制价编审规程、建设项目工程结算编审规程、建设项目全过程造价咨询规程、建设工程造价咨询成果文件质量标准、建设工程造价鉴定规程等。

二、工程量清单计价和计量规范

2013 年 7 月 1 日开始执行新的工程量清单计价和计量规范，由《建设工程工程量清单计价规范》(GB 50500—2013)、《房屋建筑与装饰工程工程量计算规范》(GB 50854—2013)等规范组成。

三、工程定额

工程定额是完成规定计量单位的合格建筑安装产品所消耗资源的数量标准。工程定额是一个综合概念，是建设工程造价计价和管理中各类定额的总称，包括许多种类的定额，可以按照不同的原则和方法对它进行分类，见图 2-1。

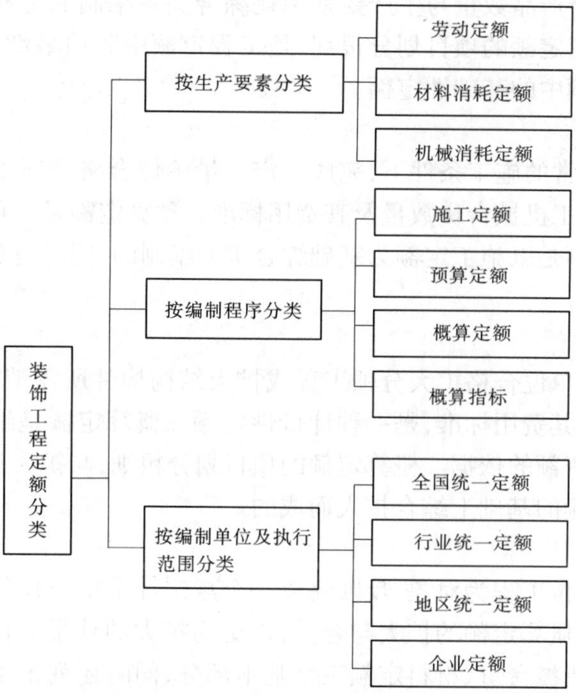

图 2-1　建筑工程定额分类

（一）按定额反映的生产要素消耗内容分类

1. 劳动定额

劳动定额（也称为人工定额），是在正常的施工技术和组织条件下，完成规定计量单位合格的建筑安装产品所消耗的人工工日的数量标准。劳动定额的主要表现形式是时间定额和产量定额。时间定额与产量定额互为倒数。

2. 材料消耗定额

材料消耗定额简称材料定额，是指在正常的施工技术和组织条件下，完成规定计量单位合格的建筑安装产品所消耗的原材料、成品、半成品、构配件、燃料，以及水、电等动力资源的数量标准。

3. 机械消耗定额

机械消耗定额是以一台机械一个工作班为计量单位，所以又称为机械台班定额。机械消耗定额是指在正常的施工技术和组织条件下，完成规定计量单位合格的建筑安装产品所消耗的施工机械台班的数量标准。机械消耗定额的主要表现形式是机械时间定额，同时也以产量定额表现。

（二）按定额的编制程序和用途分类

1. 施工定额

施工定额是完成一定计量单位的某一施工过程或基本工序所需消耗的人工、材料和机械台班数量标准。施工定额是施工企业（建筑安装企业）组织生产和加强管理在企业内部使用的一种定额，属于企业定额的性质。施工定额是以某一施工过程或基本工序作为研究对象,表示生产产品数量与生产要素消耗综合关系编制的定额。为了适应组织生产和管理的需要,施工定额的项目划分很细,是工程定额中分项最细、定额子目最多的一种定额,也是工程定额中的基础性定额。

2. 预算定额

预算定额是在正常的施工条件下,完成一定计量单位合格分项工程和结构构件所需消耗的人工、材料、施工机械台班数量及其费用标准。预算定额是一种计价性定额。从编制程序上看,预算定额是以施工定额为基础综合扩大编制的,同时也是编制概算定额的基础。

3. 概算定额

概算定额是完成单位合格扩大分项工程或扩大结构构件所需消耗的人工、材料和施工机械台班的数量及其费用标准,是一种计价性定额。概算定额是编制扩大初步设计概算、确定建设项目投资额的依据。概算定额的项目划分粗细,与扩大初步设计的深度相适应,一般是在预算定额的基础上综合扩大而成的。

4. 概算指标

概算指标是以单位工程为对象,反映完成一个规定计量单位建筑安装产品的经济消耗指标。概算指标是概算定额的扩大与合并,以更为扩大的计量单位来编制的。概算指标的内容包括人工、机械台班、材料定额三个基本部分,同时还列出了各结构分部的工程量及单位建筑工程(以体积计或面积计)的造价,是一种计价定额。

5. 投资估算指标

投资估算指标是以建设项目、单项工程、单位工程为对象,反映建设总投资及其各项费用构成的经济指标。它是在项目建议书和可行性研究阶段编制投资估算、计算投资需要量时使用的一种定额。它的概略程度与可行性研究阶段相适应。投资估算指标往往根据历史的预、决算资料和价格变动等资料编制,但其编制基础仍然离不开预算定额、概算定额。

(三)按照专业划分

建筑工程定额按专业对象分为建筑及装饰工程定额、房屋修缮工程定额、市政工程定额、铁路工程定额、公路工程定额、矿山井巷工程定额等。

(四)按主编单位和管理权限分类

(1)全国统一定额是由国家建设行政主管部门综合全国工程建设中技术和施工组织管理的情况编制,并在全国范围内适用的定额。

(2)行业统一定额是考虑到各行业部门专业工程技术特点,以及施工生产和管理水平编制的。一般是只在本行业和相同专业性质的范围内使用。

(3)地区统一定额包括省、自治区、直辖市定额。地区统一定额主要是考虑地区性特点和全国统一定额水平做适当调整和补充编制的。

(4)企业定额是施工单位根据本企业的施工技术、机械装备和管理水平编制的人工、施工机械台班和材料等的消耗标准。企业定额在企业内部使用,是企业综合素质的一个标志。企业定额水平一般应高于国家现行定额,才能满足生产技术发展、企业管理和市场竞争的需要。在工程量清单计价方式下,企业定额作为施工企业进行建设工程投标报价的计价依据，正发挥着越来越大的作用。

(5)补充定额是指随着设计、施工技术的发展，现行定额不能满足需要的情况下，为了补充缺陷所编制的定额。补充定额只能在指定的范围内使用，可以作为以后修订定额的基础。

上述各种定额虽然适用于不同的情况和用途，但是它们是一个互相联系的、有机的整体，在实际工作中配合使用。

四、工程造价信息

从广义上说，所有对工程造价的计价和控制过程起作用的资料都可以称为工程造价信息，如各种定额资料、标准规范、政策文件等。但最能体现信息动态性变化特征，并且在工程价格的市场机制中起重要作用的工程造价信息主要包括价格信息、工程造价指数信息和已完工程信息三类。

任务三 工程计价基本程序

一、工程定额计价的基本程序

工程定额计价是通过概预算定额或指标，对建筑产品价格进行计价的活动。以概预算定额规定的分部分项子目，逐项计算工程量，套用概预算定额单价(或单位估价表)确定直接工程费，然后按规定的取费标准确定措施费、间接费、利润和税金，经汇总后即为工程概预算价格。工程概预算编制的基本程序如图 2-2 所示。

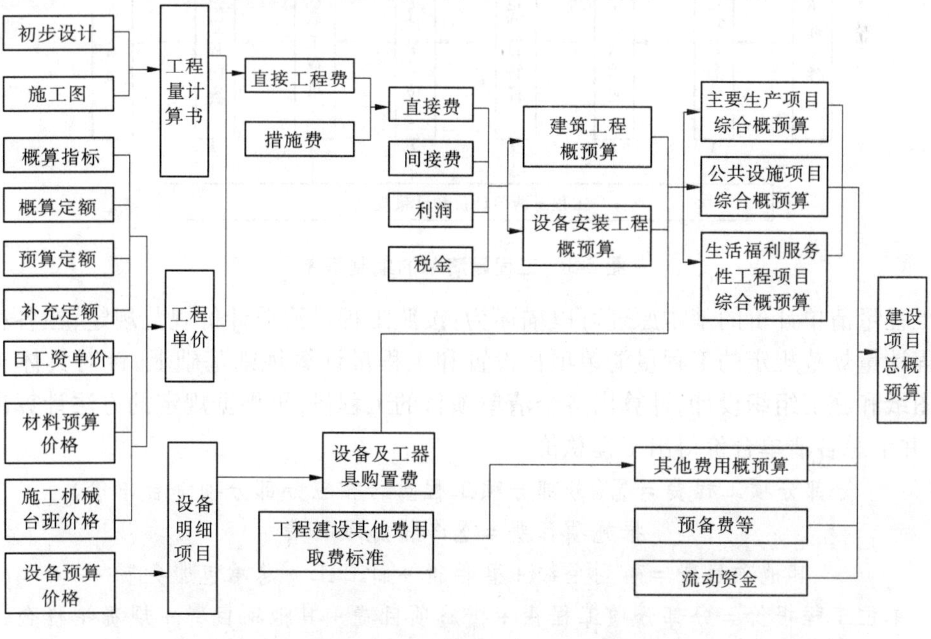

图 2-2 工程概预算编制的基本程序

工程概预算单位价格的形成过程,就是依据概预算定额所确定的消耗量乘以定额单价或市场价,经过不同层次的计算形成相应造价的过程。可以用下列公式进一步明确工程概预算编制的基本方法和程序:

每一计量单位建筑产品的基本构造要素的直接工程费单价 =
人工费 + 材料费 + 机械费

其中

人工费 = ∑(人工工日数量 × 人工单价)

材料费 = ∑(材料用量 × 材料单价)

机械费 = ∑(机械台班用量 × 机械台班单价)

单位工程直接费 = ∑(假定建筑产品工程量 × 直接工程费单价) + 措施费

单位工程概预算造价 = 单位工程直接费 + 间接费 + 利润 + 税金

单项工程概预算造价 = ∑单位工程概预算造价 + 设备及工器具购置费

建设项目全部工程概预算造价 = ∑单项工程的概预算造价 + 预备费 + 有关的其他费用

二、工程量清单计价的基本程序

工程量清单计价的过程可以分为两个阶段,即工程量清单的编制和工程量清单的应用两个阶段。工程量清单的编制程序如图 2-3 所示,工程量清单的应用程序如图 2-4 所示。

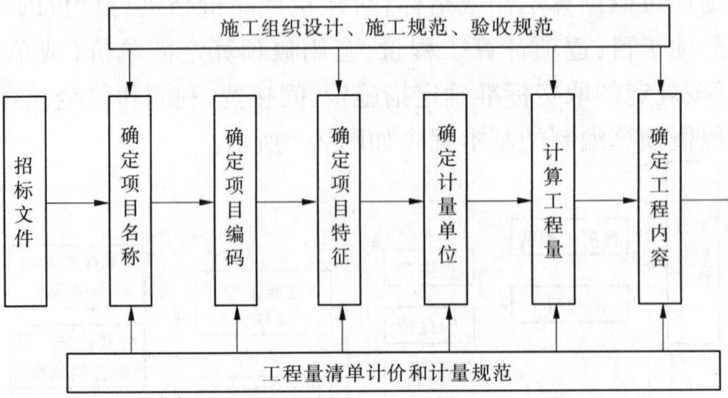

图 2-3 工程量清单的编制程序

工程量清单计价的基本原理可以描述为:按照工程量清单计价规范规定,在各相应专业工程计量规范规定的工程量清单项目设置和工程量计算规则基础上,针对具体工程的施工图纸和施工组织设计,计算出各个清单项目的工程量,再根据规定的方法计算出综合单价,并汇总各清单合价得出工程总价。

分部分项工程费 = ∑(分部分项工程量 × 相应分部分项综合单价)

措施项目费 = ∑各措施项目费

其他项目费 = 暂列金额 + 暂估价 + 计日工 + 总承包服务费

单位工程报价 = 分部分项工程费 + 措施项目费 + 其他项目费 + 规费 + 税金

单项工程报价 = ∑单位工程报价

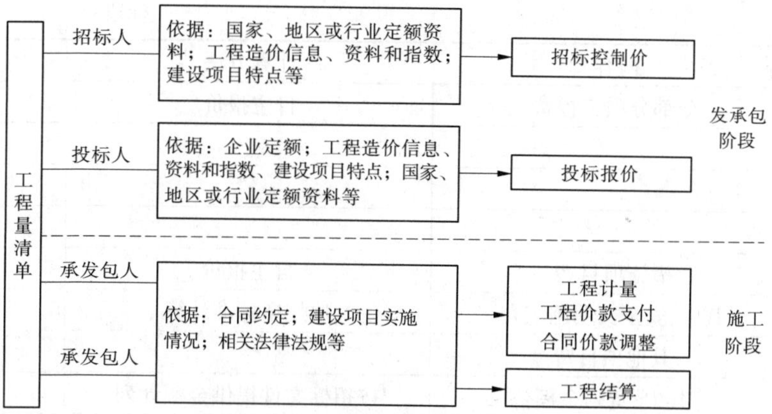

图 2-4 工程量清单的应用程序

$$建设项目总报价 = \sum 单项工程报价$$

式中，综合单价是指完成一个规定清单项目所需的人工费、材料费和工程设备费、施工机具使用费和企业管理费、利润，以及一定范围内的风险费用。风险费用是隐含于已标价工程量清单综合单价中，用于化解发承包双方在工程合同中的约定内容和范围内的市场价格波动风险的费用。

招标控制价、投标报价、竣工结算计价程序如表 2-1 ~ 表 2-3 所示。

表 2-1 建设单位工程招标控制价计价程序

工程名称： 标段：

序号	内容	计算方法	金额(元)
1	分部分项工程费	按计价规定计算	
1.1			
1.2			
…			
2	措施项目费	按计价规定计算	
2.1	其中：安全文明施工费	按规定标准计算	
3	其他项目费		
3.1	其中：暂列金额	按计价规定估算	
3.2	其中：专业工程暂估价	按计价规定估算	
3.3	其中：计日工	按计价规定估算	
3.4	其中：总承包服务费	按计价规定估算	
4	规费	按规定标准计算	
5	税金（扣除不列入计税范围的工程设备金额）	(1+2+3+4)×规定税率	
招标控制价合计 = 1 + 2 + 3 + 4 + 5			

表 2-2　施工企业工程投标报价计价程序

工程名称：　　　　　　　　　　　　　　　　　　　　　　标段：

序号	内容	计算方法	金额(元)
1	分部分项工程费	自主报价	
1.1			
1.2			
…			
2	措施项目费	自主报价	
2.1	其中:安全文明施工费	按规定标准计算	
3	其他项目费		
3.1	其中:暂列金额	按招标文件提供金额计列	
3.2	其中:专业工程暂估价	按招标文件提供金额计列	
3.3	其中:计日工	自主报价	
3.4	其中:总承包服务费	自主报价	
4	规费	按规定标准计算	
5	税金(扣除不列入计税范围的工程设备金额)	(1+2+3+4)×规定税率	
投标报价合计=1+2+3+4+5			

表 2-3　竣工结算计价程序

工程名称：　　　　　　　　　　　　　　　　　　　　　　标段：

序号	汇总内容	计算方法	金额(元)
1	分部分项工程费	按合同约定计算	
1.1			
1.2			
…			
2	措施项目	按合同约定计算	
2.1	其中:安全文明施工费	按规定标准计算	
3	其他项目		
3.1	其中:专业工程结算价	按合同约定计算	
3.2	其中:计日工	按计日工签证计算	
3.3	其中:总承包服务费	按合同约定计算	
3.4	索赔与现场签证	按发承包双方确认数额计算	
4	规费	按规定标准计算	
5	税金(扣除不列入计税范围的工程设备金额)	(1+2+3+4)×规定税率	
竣工结算总价合计=1+2+3+4+5			

【**实战演练 2-1**】　查阅工程造价文件，熟悉工程招标控制价、施工企业投标报价的内容。

1. 任务要求

了解装饰工程计价程序，分析装饰工程定额计价和清单计价两种不同的计价方式。

2. 任务分析与实施（以山东省为例）

（1）列出本地区装饰工程定额计价的计算程序，见表 2-4。

（2）列出本地区装饰工程工程量清单计价的计算程序，见表 2-5。

（3）列出本地区工程类别划分与费率见表 2-6 ~ 表 2-9。

表 2-4　装饰工程定额计价的计算程序

序号	费用名称	计算方法
一	分部分项工程费	Σ{[定额Σ(工日消耗数量×人工单价)+Σ(材料消耗数量×材料单价)+Σ(机械台班消耗量×台班单价)]×分部分项工程量}
二	措施项目费	2.1+2.2
	2.1 单价措施费	Σ{[定额Σ(工日消耗数量×人工单价)+Σ(材料消耗数量×材料单价)+Σ(机械台班消耗量×台班单价)]×单价措施项目工程量}
	2.2 总价措施费	JD_1×相应费率
三	其他项目费	3.1+3.2+3.3+3.4+3.5+3.6+3.7+3.8
	3.1 暂列金额	按项目一任务二装饰工程费用项目组成中“其他项目费”的相关规定来确定
	3.2 专业工程暂估价	
	3.3 特殊项目暂估价	
	3.4 计日工	
	3.5 采购及保管费	
	3.6 其他检验试验费	
	3.7 总承包服务费	
	3.8 其他	
四	企业管理费	(JD_1+JD_2)×管理费费率
五	利润	(JD_1+JD_2)×利润率
六	规费	6.1+6.2+6.3+6.4+6.5
	6.1 安全文明施工费	(一+二+三+四+五)×规费费率
	6.2 社会保险费	(一+二+三+四+五)×规费费率
	6.3 住房公积金	按工程所在地设区市相关规定计算
	6.4 工程排污费	按工程所在地设区市相关规定计算
	6.5 建设项目工伤保险	按工程所在地设区市相关规定计算
七	设备费	Σ(设备单价×设备工程量)
八	税金	(一+二+三+四+五+六+七)×税率
九	装饰工程费用合计	一+二+三+四+五+六+七+八

注：1. JD_1 为分部分项工程的省价人工费之和。

2. JD_2 为单价措施项目的省价人工费之和+总价措施费中的省价人工费之和。

表 2-5　装饰工程工程量清单计价的计算程序

序号	费用名称	计算方法
一	分部分项工程费	$\sum$（J_i × 分部分项工程量）
	分部分项工程综合单价	J_i = 1.1 + 1.2 + 1.3 + 1.4 + 1.5
	1.1 人工费	每计量单位 Σ（工日消耗量×人工单价）
	1.2 材料费	每计量单位 Σ（材料消耗量×材料单价）
	1.3 施工机械费	每计量单位 Σ（机械台班消耗量×台班单价）
	1.4 企业管理费	JQ_1 × 管理费费率
	1.5 利润	JQ_1 × 利润率
	计费基础 JQ_1	详见计费基础说明
二	措施项目费	2.1 + 2.2
	2.1 单价措施费	Σ{[每计量单位 Σ（工日消耗量 × 人工单价）+ Σ（材料消耗量 × 材料单价）+ Σ（机械台班消耗量 × 台班单价）+ JQ_2 ×（管理费费率 + 利润率）] × 单价措施项目工程量}
	计费基础 JQ_2	详见计费基础说明
	2.2 总价措施费	Σ[（JQ_1 × 分部分项工程量）× 措施费费率 +（JQ_1 × 分部分项工程量）× 省发措施费费率 × H ×（管理费费率 + 利润率）]
三	其他项目费	3.1 + 3.2 + 3.3 + 3.4 + 3.5 + 3.6 + 3.7 + 3.8
	3.1 暂列金额	按项目一任务二装饰工程费用项目组成中“其他项目费”的相关规定来确定
	3.2 专业工程暂估价	
	3.3 特殊项目暂估价	
	3.4 计日工	
	3.5 采购及保管费	
	3.6 其他检验试验费	
	3.7 总承包服务费	
	3.8 其他	
四	规费	4.1 + 4.2 + 4.3 + 4.4 + 4.5
	4.1 安全文明施工费	（一 + 二 + 三）× 规费费率
	4.2 社会保险费	（一 + 二 + 三）× 规费费率
	4.3 住房公积金	按工程所在地设区市相关规定计算
	4.4 工程排污费	按工程所在地设区市相关规定计算
	4.5 建设项目工伤保险	按工程所在地设区市相关规定计算
五	设备费	$\sum$（设备单价 × 设备工程量）
六	税金	（一 + 二 + 三 + 四 + 五）× 税率
七	装饰工程费用合计	一 + 二 + 三 + 四 + 五 + 六

注：1. H 为总价措施费中人工费含量（%）。

2. JQ_1 为分部分项工程每计量单位的省价人工费之和。

3. JQ_2 为单价措施项目每计量单位的省价人工费之和。

表 2-6　建筑、装饰工程措施费费率　（%）

专业名称	夜间施工费	二次搬运费	冬雨季施工增加费	已完工程及设备保护费
一般计税法下				
建筑工程	2.55	2.18	2.91	0.15
装饰工程	3.64	3.28	4.10	0.15
简易计税法下				
建筑工程	2.80	2.40	3.20	0.15
装饰工程	4.0	3.6	4.5	0.15
措施费中的人工费含量				
建筑工程、装饰工程	25	10		

注：建筑、装饰工程中已完工程及设备保护费的计费基础为省价人材机之和。

表 2-7　企业管理费、利润率　（%）

专业名称		企业管理费			利润		
		Ⅰ	Ⅱ	Ⅲ	Ⅰ	Ⅱ	Ⅲ
一般计税法下							
建筑工程	建筑工程	43.4	34.7	25.6	35.8	20.3	15.0
	构筑物工程	34.7	31.3	20.8	30.0	24.2	11.6
	单独土石方工程	28.9	20.8	13.1	22.3	16.0	6.8
	桩基础工程	23.2	17.9	13.1	16.9	13.1	4.8
装饰工程		66.2	52.7	32.2	36.7	23.8	17.3
简易计税法下							
建筑工程	建筑工程	43.2	34.5	25.4	35.8	20.3	15.0
	构筑物工程	34.5	31.2	20.7	30.0	24.2	11.6
	单独土石方工程	28.8	20.7	13.0	22.3	16.0	6.8
	桩基础工程	23.1	17.8	13.0	16.9	13.1	4.8
装饰工程		65.9	52.4	32.0	36.7	23.8	17.3

总承包服务费、采购及保管费

费用名称	费率	
总承包服务费	3	
采购及保管费	材料	2.5
	设备	1

注：企业管理费费率中，不包括总承包服务费费率。

表 2-8 规费费率 （%）

费用名称	安全文明施工费	其中				社会保险费	住房公积金	工程排污费	建设项目工伤保险
		1. 安全施工费	2. 环境保护费	3. 文明施工费	4. 临时设施费				
一般计税法下									
建筑工程	3.70	2.34	0.11	0.54	0.71	1.52	按工程所在地设区市相关规定计算		
装饰工程	4.15	2.34	0.12	0.10	1.59	1.52			
简易计税法下									
建筑工程	3.52	2.16	0.11	0.54	0.71	1.40	按工程所在地设区市相关规定计算		
装饰工程	3.97	2.16	0.12	0.10	1.59	1.40			

表 2-9 税金 （%）

费用名称	税率
增值税	11
增值税（简易计税）	3

注：甲供材料、甲供设备不作为计税基础。

说明：

（1）上述计算程序及费率摘录自山东省建设厅鲁建标字〔2016〕40 号文发布的《关于印发〈山东省建设工程费用项目组成及计算规则〉的通知》，自 2017 年 3 月 1 日起施行。2017 年 3 月 1 日前已签订合同的工程，可仍按原合同及有关规定执行。

（2）自本费用计算规则施行之日起，以鲁建标字〔2011〕19 号发布的相关内容同时停止使用。

（3）规费中的社会保险费，按省政府鲁政发〔2016〕10 号和省住建厅鲁建办字〔2016〕21 号文件规定，在工程开工前由建设单位向建筑企业劳保机构缴纳。规费中的建设项目工伤保险，按鲁人社发〔2015〕15 号《关于转发人社部发〔2014〕103 号文件明确建筑业参加工伤保险有关问题的通知》，在工程开工前向社会保险经办机构缴纳。编制招标控制价、投标报价时，应包括社会保险费和建设项目工伤保险。编制竣工结算时，若已按规定缴纳社会保险费和建设项目工伤保险，该费用仅作为计税基础，结算时不包括该费用；若未缴纳社会保险费和建设项目工伤保险，结算时应包括该费用。规费中的安全施工费，在工程发包时，按规定计取。该费用的确认与支付按工程所在地造价管理机构有关规定执行。

（4）本规则中的费率是编制招标控制价的依据，也是其他计价活动的重要参考（其中规费、税金必须按规定计取，不得作为竞争性费用）。

（5）装饰工程类别的划分标准详见表 2-10。

表 2-10　装饰工程类别划分标准

工程特征	工程类别		
	Ⅰ	Ⅱ	Ⅲ
工业与民用建筑	特殊公共建筑,包括观演展览建筑、交通建筑、体育场馆、高级会堂等	一般公共建筑,包括办公建筑、文教卫生建筑、科研建筑、商业建筑等	居住建筑工业厂房工程
	四星级及以上宾馆	三星级宾馆	二星级以下宾馆
单独外墙装饰(包括幕墙、各种外墙干挂工程)	幕墙高度 >50 m	幕墙高度 >30 m	幕墙高度≤30 m
单独招牌、灯箱、美术字等工程	—	—	单独招牌、灯箱、美术字等工程

注:1. 工程类别划分标准,是根据不同的单位工程,按其施工难易程度,结合山东省实际情况确定的。
2. 工程类别划分标准缺项时,拟定为Ⅰ类工程的项目由省工程造价管理机构核准;Ⅱ、Ⅲ类工程项目由市工程造价管理机构核准,并同时报省工程造价管理机构备案。

装饰工程,指建筑物主体结构完成后,在主体结构表面及相关部位进行抹灰、镶贴和铺装面层等施工,以达到建筑设计效果的施工内容。

①作为地面各层次的承载体,在原始地基或回填土上铺筑的垫层,属于建筑工程。附着于垫层或者主体结构的找平层仍属于建筑工程。

②为主体结构及其施工服务的边坡支护工程,属于建筑工程。

③门窗(不含门窗零星装饰),作为建筑物围护结构的重要组成部分,属于建筑工程。工艺门扇及门窗的包框、镶嵌和零星装饰,属于装饰工程。

④位于墙柱结构外表面以外、楼板(含屋面板)以下的各种龙骨(骨架)、各种找平层、面层,属于装饰工程。

⑤具有特殊功能的防水层、保温层,属于建筑工程;防水层、保温层以外的面层属于装饰工程。

⑥为整体工程或主体结构工程服务的脚手架、垂直运输、水平运输、大型机械进出场,属于建筑工程;单纯为装饰工程服务的,属于装饰工程。

⑦建筑工程的施工增加,属于建筑工程;装饰工程的施工增加,属于装饰工程。

特殊公共建筑,包括观演展览建筑(如影剧院、影视制作播放建筑、城市级图书馆、博物馆、展览馆、纪念馆等)、交通建筑(如汽车、火车、飞机、轮船的站房建筑等)、体育场馆(如体育训练、比赛场馆等)、高级会堂等。

一般公共建筑,包括办公建筑、文教卫生建筑(如教学楼、试验楼、学校图书馆、门诊楼、病房楼、检验化验楼等)、科研建筑、商业建筑等。

宾馆、饭店的星级,按《中华人民共和国旅游涉外饭店星级标准》确定。

3. 讨论与总结

(1)查阅定额等计价依据,了解其使用范围、项目划分情况、定额水平及作用。

(2)对比分析本地区现行的装饰工程计价程序与建标〔2013〕44 号文计价程序的异同。

(3)不同时期、不同地区装饰工程计价方法和顺序各有差异,但本质上的费用内容组成还是一致的。

习　题

一、单项选择题(每题 0.5 分,共 4 分)

1. 下列工程建设定额中,按生产要素分类的是(　　)。

A. 劳动定额　　B. 施工定额

C. 企业定额　　D. 预算定额

2. 下列工程建设定额中,按定额编制程序和用途分类的是(　　)。

A. 劳动定额　　B. 材料消耗定额

C. 企业定额　　D. 预算定额

3. 下列工程建设定额中,分项最细、子目最多的是(　　)。

A. 概算定额　　B. 施工定额

C. 概算指标　　D. 预算定额

4. 工程建设定额反映的是(　　)。

A. 工程质量　　B. 货币数量

C. 资源消耗量　　D. 工程进度

5. 施工企业编制施工预算所依据的定额是(　　)。

A. 预算定额　　B. 概算定额

C. 施工定额　　D. 单位估价表

6. 编制施工图预算所依据的定额是(　　)。

A. 预算定额　　B. 概算定额

C. 施工定额　　D. 概算指标

7. 用建筑面积或体积,或用万元造价为计算单位,以整个建筑物为对象编制的定额是(　　)。

A. 预算定额　　B. 概算定额

C. 施工定额　　D. 概算指标

8. (　　)是用来确定一定计量单位的建筑工程扩大结构构件或扩大分项工程所需的人工、材料与机械台班的消耗量及其费用的计算标准。

A. 预算定额　　B. 概算定额

C. 施工定额　　D. 概算指标

二、多项选择题(每题 2 分,共 4 分)

1. 工程计价中采用工料单价法计算总价,工料单价包括(　　)。

A. 人工费　　B. 材料费　　C. 机械台班费
D. 企业管理费　　E. 临时设施费

2. 工程计价中采用工程量清单计价，其中综合单价主要包括(　　)。
A. 措施项目费　　B. 材料费　　C. 风险费用
D. 企业管理费　　E. 利润

三、实务题(共 2 分)

请列出地区现行装饰工程计价程序中直接工程费的计算方法。

项目三　装饰工程消耗量定额

【知识目标】

◇掌握装饰工程消耗量定额的概念、作用、构成。

◇熟悉装饰工程消耗量定额、单位估价表的编制原则、依据。

◇掌握定额换算原理及定额换算方法。

【能力目标】

◇会使用消耗量定额进行工料机分析。

◇会使用价目表计算定额直接工程费。

◇会根据规定进行定额项目的换算。

任务一　装饰工程消耗量定额概述

一、装饰工程消耗量定额的概念及作用

（一）装饰工程消耗量定额的概念

装饰工程消耗量定额（计价定额），是在正常的施工条件下，为完成一定计量单位质量合格的装饰分项工程和结构构件所需消耗的人工、材料、机械台班数量及相应费用标准。

装饰工程消耗量定额根据用途和使用范围不同，有全国统一定额、地区定额和企业定额等。2002 年国家建设部颁发了《全国统一建筑装饰工程消耗量定额》（GYD—901—2002），各省、市根据建设部颁发的全国统一定额的规定，结合自己的实际情况陆续编制了本省、市的装饰工程消耗量（计价）定额。现阶段其表现形式有两类，一类是“量价分离”的定额项目表，如《山东省建筑工程消耗量定额》（SD 01—31—2016）、《山东省建筑工程价目表(2017)》；另一类是“量价合一”的定额单位估价表，如《山西省建筑装饰工程消耗量定额(2011)》。

（二）装饰工程消耗量定额的作用

装饰工程消耗量定额是确定建筑装饰工程造价的基础，具体表现如下：

（1）是编制施工图预算、招标控制价、投标报价的基础。

（2）是编制施工组织设计的依据。

（3）是工程结算的依据。

（4）是施工单位进行经济活动分析的依据。

（5）是编制概算定额的基础。

二、装饰工程消耗量定额的编制

(一)装饰工程消耗量定额的编制原则

(1)定额水平社会平均的原则。装饰工程消耗量定额是确定和控制建筑安装工程造价的主要依据。因此,它必须遵照价值规律的客观要求,即按生产过程中所消耗的社会必要劳动时间确定定额水平。所以,装饰工程消耗量定额的平均水平,是在正常的施工条件下,合理的施工组织和工艺条件、平均劳动熟练程度和劳动强度下,完成单位分项工程基本构造要素所需要的劳动时间。

(2)简明适用的原则。一是指在编制装饰工程消耗量定额时,对于那些主要的、常用的、价值量大的项目,分项工程划分宜细;次要的、不常用的、价值量相对较小的项目则可以粗一些。二是指装饰工程消耗量定额要项目齐全,要注意补充那些因采用新技术、新结构、新材料而出现的新的定额项目。三是要求合理确定装饰工程消耗量定额的计算单位,简化工程量的计算,减少定额附注和换算系数。

(二)装饰工程消耗量定额的编制依据

(1)现行劳动定额和施工定额。装饰工程消耗量定额是在现行劳动定额和施工定额的基础上编制的。装饰工程消耗量定额中人工、材料、机械台班消耗水平,需要根据劳动定额或施工定额取定;装饰工程消耗量定额的计量单位的选择,也要以施工定额为参考,从而保证两者的协调性和可比性,减轻装饰工程消耗量定额的编制工作量,缩短编制时间。

(2)现行设计规范、施工及验收规范,质量评定标准和安全操作规程。

(3)具有代表性的典型工程施工图及有关标准图。对这些图纸进行仔细分析研究,并计算出工程数量,作为编制定额时选择施工方法确定定额含量的依据。

(4)新技术、新结构、新材料和先进的施工方法等。是调整定额水平和增加新的定额项目所必需的依据。

(5)有关科学实验、技术测定和统计、经验资料。是确定定额水平的重要依据。

(6)现行的装饰工程消耗量定额、材料预算价格及有关文件规定等。包括过去定额编制过程中积累的基础资料,也是编制装饰工程消耗量定额的依据和参考。

(三)装饰工程定额消耗量指标的确定

1.人工消耗量的确定

消耗量定额中人工工日消耗量,是指在正常施工条件下,生产单位合格产品所必需消耗的人工工日数量,包括基本用工、超运距用工、辅助用工和人工幅度差。

人工消耗量定额不分工种、技术等级,均以综合工日表示。常用两种方法确定:一种是以全国统一劳动定额为基础确定;另一种是采用技术测定等方法测定和计算定额的人工耗用量,主要用于劳动定额缺项时。

1)基本用工

基本用工是指完成一定计量单位的分项工程或结构构件的各项工作过程的施工任务所必需消耗的技术工种用工。按技术工种相应劳动定额工时定额计算,以不同工种列出定额工日。

基本用工 = ∑(综合取定的工程量 × 劳动定额)

2)超运距用工

超运距是指劳动定额中已包括的材料、半成品场内水平搬运距离与装饰工程消耗量定额所考虑的现场材料、半成品堆放地点到操作地点的水平运输距离之差。

超运距 = 消耗量定额取定的运距 − 劳动定额已包括的运距

超运距用工 = ∑(超运距材料数量 × 时间定额)

3)辅助用工

辅助用工是指技术工种劳动定额内不包括而在消耗量定额内又必须考虑的用工。如材料加工(筛砂、洗石、淋化石膏)、电焊点火用工等。

辅助用工 = ∑(材料加工数量 × 相应的加工劳动定额)

4)人工幅度差

人工幅度差即消耗量定额与劳动定额的差额,主要是指在劳动定额中未包括而在正常施工情况下不可避免但又很难准确计量的用工和各种工时损失。

人工幅度差 = (基本用工 + 辅助用工 + 超运距用工) × 人工幅度差系数

人工幅度差系数一般为 10% ~15%。

定额人工综合工日数计算公式如下:

综合工日 = ∑(劳动定额基本用工 + 超运距用工 + 辅助用工) × (1 + 人工幅度差系数)

2. 材料消耗量的确定

计价定额中材料消耗量的确定应以施工定额材料消耗量为计算基数,再考虑非施工企业的原因造成的材料质量不符合标准和数量不足,以及对材料用量和增加费用的影响等因素。凡是可以计量的材料均按品种、规格逐一列出数量,并计入相应损耗,其内容包括:从工地仓库或现场集中堆放地点至现场加工地点或操作地点,以及加工地点至安装地点的运输损耗、堆放损耗、操作损耗。对无法计量或材料耗用量较少的材料,以其他材料费占材料费的百分率表示。周转性的材料,一般在相应项目中列出一次性摊销数量。

3. 机械台班消耗量的确定

消耗量定额中机械台班消耗量的确定,以全国统一劳动定额、全国统一基础定额为基础,按班组产量定额和机械台班消耗量数量,再考虑机械幅度差计算。砂浆、混凝土搅拌机由于按小组配用,以小组产量计算机械台班产量,不另增加机械幅度差。其他分部工程中如钢筋加工、木材、水磨石等各项专用机械的幅度差为 10%。

消耗量定额机械耗用台班 = 施工定额机械耗用台班 × (1 + 机械幅度差系数)

三、装饰工程消耗量定额的内容

消耗量定额主要由总说明、目录、章节说明、定额项目表和有关附表、附录组成。

(一)总说明

总说明主要说明定额编制的指导思想、原则、依据、适用范围和作用、编制定额考虑和未考虑因素、有关问题的说明和使用方法。以下介绍《山东省建筑工程消耗量定额》(SD 01—31—2016)(以下总说明内容简称为本定额)总说明内容。

(1)本定额包括土石方工程;地基处理与边坡支护工程;桩基础工程;砌筑工程;钢筋

及混凝土工程；金属结构工程；木结构工程；门窗工程；屋面及防水工程；保温、隔热、防腐工程；楼地面装饰工程；墙、柱面装饰与隔断、幕墙工程；天棚工程；油漆、涂料及裱糊工程；其他装饰工程；构筑物及其他工程；脚手架工程；模板工程；施工运输工程；建筑施工增加等共二十章。

(2)本定额适用山东省行政区域内的一般工业与民用建筑的新建、扩建和改建工程及新建装饰工程。

(3)本定额是完成规定计量单位分部分项工程所需人工、材料、机械台班消耗量的标准；是编制招标标底(招标控制价)、施工图预算、确定工程造价的依据，以及编制概算定额、估算指标的基础。

(4)本定额是按照正常的施工条件，合理的施工工期、施工组织设计编制的，反映社会平均消耗水平。

(5)本定额中人工工日消耗量是以《全国建筑安装工程统一劳动定额》为基础计算的，人工每工日按8 h工作制计算，内容包括基本用工、辅助用工、超运距用工及人工幅度差。人工工日不分工种、技术等级，以综合工日表示。

(6)本定额中材料(包括成品、半成品、配件等)按施工中采用的符合质量标准和设计要求的合格产品确定，主要包括：

①本定额中的材料包括施工中消耗量的主要材料、辅助材料和周转性材料。

②本定额中的材料消耗量包括净用量和损耗量。损耗量包括：从工地仓库、现场集中堆放点(或现场加工点)至操作点(或安装点)的施工场内运输损耗，施工操作损耗，施工现场堆放损耗等。

③本定额中所有(各类)砂浆均按现场拌制考虑，若实际采用预拌砂浆，各章定额项目按以下规定进行调整：

A.使用预拌砂浆(干拌)的，除将定额中的现拌砂浆调换成预拌砂浆(干拌)外，另按相应定额中每立方米砂浆扣除人工0.382工日、增加预拌砂浆罐式搅拌机0.041台班，并扣除定额中灰浆搅拌机台班的数量。

B.使用预拌砂浆(湿拌)的，除将定额中的现拌砂浆调换成预拌砂浆(湿拌)外，另按相应定额中每立方米砂浆扣除人工0.58工日，并扣除定额中灰浆搅拌机台班的数量。

(7)本定额中机械消耗量：

①本定额中的机械按常用机械、合理机械配备和施工企业的机械化装备程度，并结合工程实际综合确定。

②本定额中的机械台班消耗量是按正常机械施工功效并考虑机械幅度差综合确定的，以不同种类的机械分别表示。

③除本定额项目中所列的小型机具外，其他单位价值2 000元以内、使用年限在一年以内的不构成固定资产的施工机械，不列入机械台班消耗量，作为工具用具在企业管理费中考虑。

④大型机械安拆及场外运输，按《山东省建设工程费用项目组成及计算规则》中的有关规定计算。

(8)本定额中的工作内容已说明了主要的施工工序，次要工序虽未说明，但均已包括在定额中。

(9)本定额中注有“×××以内”或“×××以下”者均包括“×××”本身;凡注“×××以外”或“×××以上”者均不包括“×××”本身。

(10)凡本说明未尽事宜,详见各章说明。

(二)定额项目表

定额项目表中各项目的人工、材料、机械台班消耗量和资金消耗量,根据结构部位、施工内容、施工方法、使用材料等,按分章、分节、分部、分项子目排列。定额编号一般有二级编号法和三级编号法。如《山东省建筑工程消耗量定额(2016)》按三级符号编码,编码11-3-5表示定额中第十一章楼地面装饰工程、第三节块料面层中的第5个子项:楼地面干硬性水泥砂浆铺贴石材块料不分色。

四、装饰工程消耗量定额的使用方法

消耗量定额的使用一般有三种情况:直接套用、定额的换算和定额的缺项补充。

当工程项目要求与定额项目的工程内容相一致时,可以直接套用定额。如果不完全符合,不能直接套用定额,应根据不同情况分别加以换算,但必须符合定额中有关规定,在允许范围内进行。定额缺项时,可做临时性的补充,可采用定额代用或补充定额的方法。

消耗量定额的换算可以分为配合比换算、用量调整、系数调整和其他调整换算。

(一)配合比换算

在消耗量定额中,定额注明的砂浆(混凝土)种类、配合比、饰面材料及型号规格与设计不同时,可按设计规定调整,但人工、机械消耗量不变。其换算公式为

换算后定额单价=原定额单价+(换入的材料单价-换出的材料单价)×相应换算材料的定额用量

(二)用量调整

在消耗量定额中,定额与实际消耗量不同时,允许调整其数量。如龙骨不同可以换算等。换算时不要忘记损耗量,因定额中已考虑了损耗,其他材料用量不变,均按原定额。其换算公式为

换算后定额单价=原定额单价+(换入的材料用量×相应换入材料的定额单价-换出的材料用量×相应换出材料的定额单价)

(三)系数调整

在消耗量定额中,由于施工条件和方法不同,某些项目可以乘以调整系数。调整系数分定额系数和工程量系数。定额系数是指按定额规定,定额的人工、材料、机械台班乘以一定系数。例如,轻钢龙骨、铝合金龙骨定额为双层结构,如实际设计是单层结构,人工乘以0.85系数。工程量系数是用在计算工程量上的系数,如木材面、金属面等油漆系数。

(四)其他调整换算

消耗量定额中其他调整换算的项目很多,但换算的基本原理是相同的,如厚度调整、材料单价换算等。总之,定额的换算调整都要按照定额的规定进行。

掌握定额的规定和换算调整方法,是对工程造价人员的基本要求之一。换算后的定额项目一般在定额编号后标注(换),以示区别。

任务二　单位估价表与企业定额

一、单位估计表

(一)单位估价表的概念

单位估价表又称价目表,是依据消耗量定额中的人工、材料、机械台班消耗数量,乘以某地区现行人工、材料、机械台班单价,计算出以货币形式表现的完成每一分项工程或结构构件单位合格产品的价格。通常,单位估价表是以一个城市或一个地区为范围进行编制,在该地区范围内适用,可以简化设计概算和施工图预算的编制。

(二)单位估价表的组成

单位估价表主要由定额编号、工程项目名称、单价、人工费、材料费、机械费和地区单价组成。单位估价表与消耗量定额项目表合并在一起编制时,则消耗量定额的项目即为单位估价表的项目。单位估价表具体的表现形式可分为工料单价单位估价表和综合单价单位估价表等。

1. 工料单价单位估价表

工料单价是确定定额计量单位的分部分项工程的人工费、材料费和机械费的费用标准, 即直接工程费单价,也称为定额基价。

定额基价 = 人工费 + 材料费 + 机械费

人工费 = ∑(装饰工程消耗量定额中人工工日消耗量 × 人工日工资单价)

材料费 = ∑(装饰工程消耗量定额中各种材料消耗量 × 相应材料单价)

机械费 = ∑(装饰工程消耗量定额中机械台班使用量 × 机械台班单价)

装饰工程消耗量定额基价是根据现行定额和当地的价格水平编制的,具有相对的稳定性。

2. 综合单价单位估价表

编制单位估价表时, 在汇集分部分项工程人工、材料、机械台班使用费用,得到直接工程费单价后,再按取定的措施费和间接费等费用比率及取定的利润率和税率,计算出各项相应费用,汇总直接费、间接费、利润和税金,就构成一定计量单位的分部分项工程的综合单价。

二、企业定额

(一)企业定额的概念

企业定额是施工企业根据本企业的施工技术、机械装备和管理水平而编制的人工、材料和施工机械台班等消耗标准。

企业定额反映企业的施工生产与生产消费之间的数量关系, 是施工企业生产力水平的体现,也是企业核心竞争力的具体表现。

(二)企业定额的作用

(1)企业定额是施工企业计算和确定工程施工成本的依据。

(2)企业定额是施工企业进行工程投标、编制工程投标价格的基础和主要依据。

(3)企业定额是施工企业编制施工组织设计的依据。

(三)企业定额的编制原则

(1)施工企业在编制企业定额时应依据本企业的技术能力和管理水平,以基础定额为参照和指导。

(2)企业定额水平一般应高于国家现行定额,才能满足生产技术发展、企业管理和市场竞争的需要。

(3)企业定额要体现本企业在某方面的技术优势,以及本企业的局部管理或全面管理方面的优势。

(4)企业定额价目表单价应实行动态管理,及时总结本企业各方面业绩与资料,不断完善;与市场紧密联系,不断提高竞争力。

(四)企业定额的编制方法

编制企业定额最关键的工作是确定人工、材料和机械台班的消耗量,以及计算分项工程单价或综合单价。具体测定和计算方法同前述劳动定额及消耗量定额的编制。

企业定额人工、材料、机械台班价格,一般情况下均应按地区市场价格计算确定。根据本企业定额中的人工、材料、机械台班消耗量,按相应人工、材料、机械台班的市场价格,计算确定一定计量单位的分部分项工程的工料单价或综合单价,形成本企业的单位估价表。

(五)企业定额的方向

根据建设市场经济的发展要求,现行的地方定额或行业定额已不能满足市场要求;建设市场实行工程量清单报价的基本思路就是“控制量,指导价,竞争费”,由企业自主报价,这就要求每个施工企业要及时调整思路,紧跟市场,尽早制定适合本企业适应新形势的企业定额,不断提高企业竞争力。

企业定额的完善,要充分利用计算机信息技术,去完成原始数据资料的收集、整理、分析等任务。地方定额或行业定额的采样范围较一个企业要广泛得多,企业定额的数据采集,主要是自己的资料;企业定额要充分体现企业的个性,但同时又要反映本企业不同时期、不同地点、不同特点的各个工程项目的共性。

【实战演练3-1】 查阅装饰工程消耗量定额,熟悉定额的内容,理解定额项目表含义。

1. 任务要求

进行工料机分析。

2. 任务分析与实施

以《山东省建筑工程消耗量定额》(SD 01—31—2016)为例。

(1)熟悉定额的说明、解释、计算规则。

查阅定额:主要包括总说明、分部分项工程定额说明及计算规则、定额项目表、定额附录等。表3-1是《山东省建筑工程消耗量定额》(SD 01—31—2016)第十一章楼地面装饰工程石材块料面层定额项目表(摘录)。

表 3-1　楼地面粘贴石材块料定额项目表

工作内容:1. 清理基层、调运砂浆、刷素水泥浆一道。

2. 清理基层、调运胶黏剂。

3. 锯板磨边、贴石材块料、擦缝、清理净面、成品保护等。

计量单位:10 m^2

定额编号			11-3-1	11-3-2	11-3-3	11-3-4	11-3-5	11-3-6
项目名称			楼地面					
			水泥砂浆		干粉型胶黏剂		干硬性水泥砂浆	
			不分色	分色	不分色	分色	不分色	分色
名称		单位	消耗量					
人工	综合工日	工日	2.10	2.20	2.00	2.12	2.19	2.28
材料	石材块料	m^2	10.150 0	10.150 0	10.150 0	10.150 0	10.150 0	10.150 0
	水泥抹灰砂浆 1∶2.5	m^3	0.205 0	0.205 0	—	—	—	—
	干粉型胶黏剂	kg	—	—	60.000 0	60.000 0	—	—
	干硬性水泥砂浆 1∶3	m^3	—	—	—	—	0.307 5	0.307 5
	素水泥浆	m^3	0.010 1	0.010 1	—	—	0.010 1	0.010 1
	白水泥	kg	1.030 0	1.030 0	2.060 0	2.060 0	1.030 0	1.030 0
	锯末	m^3	0.060 0	0.060 0	0.060 0	0.060 0	0.060 0	0.060 0
	麻袋布	m^2	2.200 0	2.200 0	2.200 0	2.200 0	2.200 0	2.200 0
	棉纱	kg	0.110 0	0.110 0	0.110 0	0.110 0	0.110 0	0.110 0
	石料切割锯片	片	0.040 4	0.040 4	0.040 4	0.040 4	0.040 4	0.040 4
	水	m^3	0.260 0	0.260 0	0.260 0	0.260 0	0.260 0	0.260 0
机械	灰浆搅拌机 200 L	台班	0.025 6	0.025 6	—	—	—	—
	石料切割机	台班	0.180 3	0.180 3	0.180 3	0.180 3	0.180 3	0.180 3

(2)定额编号 11-3-1 表示完成的楼地面铺贴块料面层,所规定的定额消耗指标,其定额含义为:

①定额消耗的综合工日:0.210 工日/m^2。

②定额消耗的材料(每平方米含量):石材块料 1.015 00 m^2、水泥抹灰砂浆(1∶2.5)0.020 50 m^3、素水泥浆 0.001 01 m^3、白水泥 0.103 00 kg、锯末 0.006 00 m^3、麻袋布 0.220 0 m^2、棉纱 0.011 00 kg、石料切割锯片 0.004 04 片、水 0.026 00 m^3。

③定额机械消耗量:灰浆搅拌机(200 L)0.002 56 台班/m^2、石料切割机 0.018 03 台班/m^2。

(3)某宾馆大厅地面面积为 332 m^2,设计要求用 1∶2.5 水泥砂浆铺贴大理石板(1 000 mm×1 000 mm,不分色)。试确定该分项工程消耗的人工、材料、机械台班数量(工料机分析）。

①查套定额编号 11 -3 -1,大厅水泥砂浆铺贴大理石地面。

②根据定额编号 11 -3 -1 确定定额消耗量,计算该分项工程消耗的人工、材料、机械台班数量。

综合工日：　332 m^2 ×0.210 工日/ m^2 = 69.72 工日

石材块料：　332 m^2 ×1.015 00 m^2/ m^2 =336.98 m^2

1:2.5 水泥抹灰砂浆：　332 m^2 ×0.020 50 m^3/ m^2 =6.806 m^3

素水泥浆：　332 m^2 ×0.001 01 m^3/ m^2 =0.335 3 m^3

白水泥：　332 m^2 ×0.103 00 kg/ m^2 =34.196 kg

锯末：　332 m^2 ×0.006 00 m^3/ m^2 =1.992 m^3

麻袋布：　332 m^2 ×0.220 0 m^2/ m^2 =73.04 m^2

棉纱：　332 m^2 ×0.011 00 kg/ m^2 = 3.652 kg

石料切割锯片：　332 m^2 ×0.004 04 片/ m^2 =1.341 3 片

水：　332 m^3 ×0.026 00 m^3/ m^2 =8.632 m^3

200 L 灰浆搅拌机：　332 m^2 ×0.002 56 台班/ m^2 = 0.849 9 台班

石料切割机：　332 m^2 ×0.018 03 台班/ m^2 =5.986 0 台班

③工料机分析一般以表格形式来体现,见计价实务附表。

3. 讨论与总结

(1)查阅本地区装饰工程消耗量定额,熟悉定额的说明、解释、计算规则,并进行对比分析。

(2)对比分析查阅的消耗量定额综合人工消耗量指标与劳动定额人工消耗量指标的异同,理解人工幅度差含义。

【实战演练 3-2】 查阅本地区装饰工程价目表,熟悉基价(人工费、材料费、机械费)的价格形成。

1. 任务要求

(1)熟悉价目表的内容,理解项目表中单价含义。

(2)会计算定额直接工程费,会进行定额换算。

2. 任务分析与实施

以《山东省建筑工程消耗量定额》(SD 01—31—2016)、《山东省建筑工程价目表》为例。

(1)熟悉价目表的说明、编制依据、适用范围。表 3-2 是其中楼地面价目表(摘录)。

表 3-2 山东省建筑工程价目表(摘录)

定额编码	定额名称	定额单位	增值税(一般计税)			
			单价(元)(除税)	人工费	材料费(除税)	机械费(除税)
11 -3 -1	楼地面 水泥砂浆 不分色	10 m^2	2 187.74	216.30	1 958.78	12.66
11 -3 -2	楼地面 水泥砂浆 分色	10 m^2	2 198.04	226.60	1 958.78	12.66

定额编号 11－3－1 表示一般计税下楼地面水泥砂浆粘贴石材块料(不分色)所规定的定额消耗价格指标,其含义为:定额单价(基价)2 187.74 元/10 m^2(除税),其中定额人工费 216.30 元/10 m^2,定额材料费 1 958.78 元/10 m^2(除税),定额机械费 12.66 元/10 m^2(除税)。

(2)定额基价的形成。

表 3-3 是《山东省建筑工程消耗量定额》(SD 01—31—2016)楼地面粘贴石材块料项目表(摘录)。

表 3-3　石材块料(摘录)

工作内容:1. 清理基层、调运砂浆、刷素水泥浆一道。
2. 清理基层、调运胶黏剂。
3. 锯板磨边、贴石材块料、擦缝、清理净面、成品保护等。

计量单位:10 m^2

定额编号			11－3－1	11－3－2
项目名称			楼地面	
			水泥砂浆	
			不分色	分色
名称		单位	数量	
人工	综合工日	工日	2.10	2.20
材料	石材块料	m^2	10.150 0	10.150 0
	水泥抹灰砂浆 1:2.5	m^3	0.205 0	0.205 0
	素水泥浆	m^3	0.010 1	0.010 1
	白水泥	kg	1.030 0	1.030 0
	锯末	m^3	0.060 0	0.060 0
	麻袋布	m^2	2.200 0	2.200 0
	棉纱	kg	0.110 0	0.110 0
	石料切割锯片	片	0.040 4	0.040 4
	水	m^3	0.260 0	0.260 0
机械	灰浆搅拌机 200 L	台班	0.025 6	0.025 6
	石料切割机	台班	0.180 3	0.180 3

查《山东省建筑工程消耗量定额》综合取定的价格信息:人工综合工日单价 103 元/工日、石材块料 184.47 元/m^2、1:2.5 水泥抹灰砂浆为 331.76 元/m^3、素水泥浆 591.81 元/m^3、白水泥 0.58 元/kg、锯末 16.24 元/m^3、麻袋布 2.66 元/m^2、棉纱 5.56 元/kg、石料切割锯片 81.2 元/片、水 4.27 元/m^3、200 L 灰浆搅拌机为 157.71 元/台班、石料切割机 47.81 元/台班。

定额人工费 = 2.10 工日/10 m^2 × 103 元/工日 = 216.30(元/10 m^2)

定额材料费 = 10.150 0 m^2 × 184.47 元/m^2 + 0.205 0 m^3 × 331.76 元/m^3 + 0.010 1 m^3 × 591.81 元/m^3 + 1.03.00 kg × 0.58 元/kg + 0.060 0 m^3 × 16.24 元/m^3 + 2.200 0 m^2 × 2.66 元/m^2 + 0.110 0 kg × 5.56 元/kg + 0.040 4 片 × 81.2 元/片 + 0.260 0 m^3 × 4.27 元/m^3 = 1 958.78 元/10 m^2

定额机械费 = 0.025 6 × 157.71 元/台班 + 0.180 3 × 47.81 元/台班 = 12.66 元/10 m^2

定额单价(基价) = 216.30 + 1 958.78 + 12.66 = 2 187.74(元/10 m^2)

(3)定额直接工程费的计算。

某工程地面装修水泥砂浆粘贴石材块料,工程量为 150 m^2,试计算该工程定额直接工程费。

查价目表,定额编号 11-3-1,定额单价(除税)为 2 187.74 元/10 m^2

定额直接工程费 = 150 m^2 × 2 187.74 元/10 m^2 = 32 816.10 元

其中:定额人工费 = 150 m^2 × 216.30 元/10 m^2 = 3 244.50 元

定额材料费 = 150 m^2 × 1 958.78 元/10 m^2 = 29 381.70 元

定额机械费 = 150 m^2 × 12.66 元/10 m^2 = 189.90 元

(4)定额换算。

上述楼地面装修工程,若石材块料的市场单价为 200 元/m^2,试计算该工程的直接工程费。

查价目表,定额编号 11-3-1,定额单价为 2 187.74 元/10 m^2(除税)。

换算后单价 = 原定额单价 + (换入的材料单价 - 换出的材料单价) × 相应换算材料的定额用量 = 2 187.74 元/10 m^2 + (200.00 元/m^2 - 184.47 元/m^2) × 10.150 0 m^2/10 m^2 = 2 345.37元/10 m^2

直接工程费 = 150 m^2 × 2 345.37 元/10 m^2 = 35 180.55 元

其中:人工费 = 150 m^2 × 216.30 元/10 m^2 = 3 244.50 元

材料费 = 150 m^2 × (7.0 × 11.4 + 10.5 × 200.00)元/10 m^2 = 31 746.15 元

机械费 = 150 m^2 × 12.66 元/10 m^2 = 189.90 元

3.讨论与总结

(1)以本地区装饰工程价目表为例,理解基价(人工费、材料费、机械费)的价格形成。

(2)正确理解价目表的编制原理,即可以在定额项目不能直接套用的情况下进行换算。现在使用计价软件编制预算,大多软件已对定额中的固定换算编码列项,可直接套用。

习　题

一、单项选择题(每题 0.5 分,共 3 分)

1.装饰工程消耗量定额的水平是(　　)。

A.先进水平　　　　B.社会平均水平

C. 平均先进水平　　　　　　　　　D. 落后水平

2. 企业定额必须达到(　　)才能具有一定的市场竞争力。

A. 先进水平　　　　　　　　　　　B. 社会平均水平

C. 平均先进水平　　　　　　　　　D. 落后水平

3.《山东省建筑工程价目表》中的人工工日单价按(　　)计入。

A. 44 元　　　　　　　　　　　　B. 49 元

C. 53 元　　　　　　　　　　　　D. 66 元

4. 消耗量定额中的人工幅度差是指在(　　)中未包括而在正常施工情况下不可避免但又很难准确计量的用工和各种工时损失。

A. 劳动定额　　　　　　　　　　　B. 概算定额

C. 施工定额　　　　　　　　　　　D. 概算指标

5. 装饰工程消耗量定额中材料消耗量指标确定时,材料消耗量不包括(　　)。

A. 施工操作必要的损耗量　　　　　B. 场内运输损耗量

C. 场外运输损耗量　　　　　　　　D. 施工过程净用量

6.《山东省建筑工程价目表》中的定额单价,也称为定额基价,是(　　)之和。

A. 人工费 + 材料费　　　　　　　　B. 人工费 + 机械费

C. 材料费 + 机械费　　　　　　　　D. 人工费 + 材料费 + 机械费

二、实务题(共 7 分)

某宾馆客房,铺单层(不固定)地毯,每个房间实铺面积为 16 m^2,共 60 间。工程量为 960 m^2,试应用消耗量定额和价目表确定定额项目及基价,计算定额直接工程费,并进行工料机分析。

项目四　工程量清单计价与计量规范

【知识目标】

◇理解工程量清单计价的作用。

◇掌握工程量清单的编制内容、要求。

◇知道工程量清单与计价表编制的格式。

【能力目标】

◇能正确确定清单工程项目编码(列项)。

任务一　工程量清单计价与计量规范概述

工程量清单计价与计量规范由《建设工程工程量清单计价规范》(GB 50500—2013)、《房屋建筑与装饰工程工程量计算规范》(GB 50854—2013)等组成,以下介绍时简称本规范。

工程量清单计价规范包括总则、术语、一般规定、工程量清单编制、招标控制价、投标报价、合同价款约定、工程计量、合同价款调整、合同价款期中支付、竣工结算与支付、合同解除的价款结算与支付、合同价款争议的解决、工程造价鉴定、工程计价资料与档案、工程计价表格及 11 个附录。工程量计量规范包括总则、术语、工程计量、工程量清单编制、附录。

一、总则

(1)为规范建设工程造价计价行为,统一建设工程计价文件的编制原则和计价方法,根据《中华人民共和国建筑法》、《中华人民共和国合同法》、《中华人民共和国招标投标法》等法律法规,制定本规范。

(2)本规范适用于建设工程发承包及实施阶段的计价活动。

(3)建设工程发承包及实施阶段的工程造价应由分部分项工程费、措施项目费、其他项目费、规费和税金组成。

(4)招标工程量清单、招标控制价、投标报价、工程计量、合同价款调整、合同价款结算与支付以及工程造价鉴定等工程造价文件的编制与核对,应由具有专业资格的工程造价人员承担。

(5)承担工程造价文件的编制与核对的工程造价人员及其所在单位,应对工程造价文件的质量负责。

(6)建设工程发承包及实施阶段的计价活动应遵循客观、公正、公平的原则。

(7)建设工程发承包及实施阶段的计价活动,除应符合本规范外,尚应符合国家现行有关标准的规定。

二、术语

(一)工程量清单

载明建设工程分部分项工程项目、措施项目、其他项目的名称和相应数量及规费、税金项目等内容的明细清单。

(二)招标工程量清单

招标人依据国家标准、招标文件、设计文件及施工现场实际情况编制的,随招标文件发布供投标报价的工程量清单,包括其说明和表格。

(三)已标价工程量清单

构成合同文件组成部分的投标文件中已标明价格,经算术性错误修正(如有)且承包人已确认的工程量清单,包括其说明和表格。

(四)分部分项工程

分部工程是单项或单位工程的组成部分,是按结构部位、路段长度及施工特点或施工任务将单项或单位工程划分为若干分部工程;分项工程是分部工程的组成部分,是按不同施工方法、材料、工序及路段长度等将分部工程划分为若干个分项或项目的工程。

(五)措施项目

为完成工程项目施工,发生于该工程施工准备和施工过程中的技术、生活、安全、环境保护等方面的项目。

(六)项目编码

分部分项工程和措施项目清单名称的阿拉伯数字标识。

(七)项目特征

构成分部分项工程项目、措施项目自身价值的本质特征。

(八)综合单价

完成一个规定清单项目所需的人工费、材料费和工程设备费、施工机具使用费和企业管理费、利润及一定范围内的风险费用。

(九)风险费用

隐含于已标价工程量清单综合单价中,用于化解发承包双方在工程合同中约定内容和范围内的市场价格波动风险的费用。

(十)工程成本

承包人为实施合同工程并达到质量标准,在确保安全施工的前提下,必须消耗或使用的人工、材料、工程设备、施工机械台班及其管理等方面发生的费用和按规定缴纳的规费和税金。

(十一)暂列金额

招标人在工程量清单中暂定并包括在合同价款中的一笔款项。用于工程合同签订时尚未确定或者不可预见的所需材料、工程设备、服务的采购,施工中可能发生的工程变更、合同约定调整因素出现时的合同价款调整以及发生的索赔、现场签证确认等的费用。

(十二)暂估价

招标人在工程量清单中提供的用于支付必然发生但暂时不能确定价格的材料、工程设备的单价及专业工程的金额。

(十三)计日工

在施工过程中,承包人完成发包人提出的工程合同范围以外的零星项目或工作,按合同中约定的单价计价的一种方式。

(十四)总承包服务费

总承包人为配合协调发包人进行的专业工程发包,对发包人自行采购的材料、工程设备等进行保管及施工现场管理、竣工资料汇总整理等服务所需的费用。

三、计价方式

(1)使用国有资金投资的建设工程发承包,必须采用工程量清单计价。

(2)非国有资金投资的建设工程,宜采用工程量清单计价。

(3)不采用工程量清单计价的建设工程,应执行本规范除工程量清单等专门性规定外的其他规定。

(4)工程量清单应采用综合单价计价。

(5)措施项目中的安全文明施工费必须按国家或省级、行业建设主管部门的规定计算,不得作为竞争性费用。

(6)规费和税金必须按国家或省级、行业建设主管部门的规定计算,不得作为竞争性费用。

四、工程量清单计价的作用

(一)提供一个平等的竞争条件

采用施工图预算来投标报价,由于设计图纸的缺陷,不同施工企业的人员理解不同,计算出的工程量也不同,报价就更相去甚远,也容易产生纠纷。而工程量清单报价就为投标者提供了一个平等竞争的条件,相同的工程量,由企业根据自身的实力来填不同的单价。投标人的这种自主报价,使得企业的优势体现到投标报价中,可在一定程度上规范建筑市场秩序,确保工程质量。

(二)满足市场经济条件下竞争的需要

招标投标过程就是竞争的过程,招标人提供工程量清单,投标人根据自身情况确定综合单价,利用单价与工程量逐项计算每个项目的合价,再分别填入工程量清单表内,计算出投标总价。单价成了决定性的因素,定高了不能中标,定低了又要承担过大的风险。单价的高低直接取决于企业管理水平和技术水平的高低,这种局面促成了企业整体实力的竞争,有利于我国建设市场的快速发展。

(三)有利于提高工程计价效率,能真正实现快速报价

采用工程量清单计价方式,避免了传统计价方式下招标人与投标人在工程量计算上的重复工作,各投标人以招标人提供的工程量清单为统一平台,结合自身的管理水平和施工方案进行报价,促进了各投标人企业定额的完善和工程造价信息的积累和整理,体现了现代工程建设中快速报价的要求。

(四)有利于工程款的拨付和工程造价的最终结算

中标后,业主要与中标单位签订施工合同,中标价就是确定合同价的基础,投标清单上的单价就成了拨付工程款的依据。业主根据施工企业完成的工程量,可以很容易地确定进度款的拨付额。工程竣工后,根据设计变更、工程量增减等,业主也很容易确定工程的最终造价,可在某种程度上减少业主与施工单位之间的纠纷。

(五)有利于业主对投资的控制

采用现在的施工图预算方式,业主对因设计变更、工程量的增减所引起的工程造价变化不敏感,往往等到竣工结算时才知道这些变更对项目投资的影响有多大,但此时常常是为时已晚。而采用工程量清单报价的方式则可对投资变化一目了然,在要进行设计变更时,能马上知道它对工程造价的影响,业主就能根据投资情况来决定是否变更或进行方案比较,以决定最恰当的处理方法。

任务二　工程量清单编制

一、分部分项工程量清单

分部分项工程项目清单必须载明项目编码、项目名称、项目特征、计量单位和工程量。分部分项工程项目清单必须根据各专业工程计量规范规定的项目编码、项目名称、项目特征、计量单位和工程量计算规则进行编制。其格式如表4-1所示,在分部分项工程量清单的编制过程中,由招标人负责前六项内容填列,金额部分在编制招标控制价或投标报价时填列。

表4-1　分部分项工程和单价措施项目清单与计价表

工程名称:　　　　　　　　　　标段:　　　　　　　　　　第　页　共　页

序号	项目编码	项目名称	项目特征	计量单位	工程量	金额		
						综合单价	合价	其中:暂估价

(一)项目编码

项目编码是分部分项工程和措施项目清单名称的阿拉伯数字标识。分部分项工程量清单项目编码以五级编码设置,用十二位阿拉伯数字表示。一、二、三、四级编码为全国统一,即一~九位应按计价规范附录的规定设置,十~十二位为清单项目编码,应根据拟建工程的工程量清单项目名称设置,不得有重号,这三位清单项目编码由招标人针对招标工程项目具体编制,并应自001起顺序编制。各级编码代表的含义如下:

(1)第一级表示专业工程代码(分二位)。

(2)第二级表示附录分类顺序码(分二位)。

(3)第三级表示分部工程顺序码(分二位)。

(4)第四级表示分项工程项目名称顺序码(分三位)。

(5)第五级表示工程量清单项目名称顺序码(分三位)。

项目编码结构如图4-1所示(以房屋建筑与装饰工程为例):

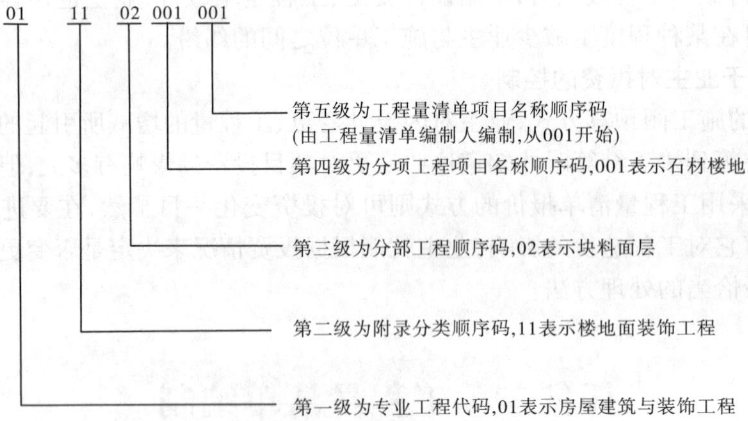

图4-1 项目编码示例

当同一标段(或合同段)的一份工程量清单中含有多个单位工程且工程量清单是以单位工程为编制对象时,在编制工程量清单时应特别注意对项目编码十至十二位的设置不得有重码的规定。例如,一个标段(或合同段)的工程量清单中含有三个单位工程,每一单位工程中都有项目特征相同的大理石楼地面,在工程量清单中又需反映三个不同单位工程的大理石楼地面工程量时,此时工程量清单应以单位工程为编制对象,则第一个单位工程的大理石楼地面的项目编码应为011102001001,第二个单位工程的大理石楼地面的项目编码应为011102001002,第三个单位工程的大理石楼地面的项目编码应为011102001003,并分别列出各单位工程楼地面的工程量。

(二)项目名称

分部分项工程量清单的项目名称应按各专业工程计量规范附录的项目名称结合拟建工程的实际确定。附录表中的“项目名称”为分项工程项目名称,是形成分部分项工程量清单项目名称的基础。即在编制分部分项工程量清单时,以附录中的分项工程项目名称为基础,考虑该项目的规格、型号、材质等特征要求,结合拟建工程的实际情况,使其工程量清单项目名称具体化、细化,以反映影响工程造价的主要因素。清单项目名称应表达详细、准确,各专业工程计量规范中的分项工程项目名称如有缺陷,招标人可做补充,并报当地工程造价管理机构(省级)备案。

(三)项目特征

项目特征是构成分部分项工程项目、措施项目自身价值的本质特征。项目特征是对项目的准确描述,是确定一个清单项目综合单价不可缺少的重要依据,是区分清单项目的依据,是履行合同义务的基础。分部分项工程量清单的项目特征应按各专业工程计量规范附录中规定的项目特征,结合技术规范、标准图集、施工图纸,按照工程结构、使用材质及规格或安装位置等,予以详细而准确的表述和说明。凡项目特征中未描述到的其他独有特征，由清单编制人视项目具体情况确定，以准确描述清单项目为准。在各专业工程计量规范附录中还有关于各清单项目"工作内容"的描述。工作内容是指完成清单项目可能发生的具体工作和操作程序，但应注意的是，在编制分部分项工程量清单时，工作内容通常无须描述，因为在计价规范中，工程量清单项目与工程量计算规则、工作内容有一一对应关系，当采用计价规范这一标准时，工作内容均有规定。

（四）计量单位

计量单位应采用基本单位，除各专业另有特殊规定外均按以下单位计量：

（1）以质量计算的项目——吨或千克（t 或 kg）。

（2）以体积计算的项目——立方米（m^3）。

（3）以面积计算的项目——平方米（m^2）。

（4）以长度计算的项目——米（m）。

（5）以自然计量单位计算的项目——个、套、块、樘、组、台……

（6）没有具体数量的项目——宗、项……

各专业有特殊计量单位的，另外加以说明，当计量单位有两个或两个以上时，应根据所编工程量清单项目的特征要求，选择最适宜表现该项目特征并方便计量的单位。计量单位的有效位数应遵守下列规定：

（1）以 t 为单位，应保留小数点后三位数字，第四位小数四舍五入。

（2）以 m、m^2、m^3、kg 为单位，应保留小数点后两位数字，第三位小数四舍五入。

（3）以个、件、根、组、系统等为单位，应取整数。

（五）工程量

工程量主要通过工程量计算规则计算得到。工程量计算规则是指对清单项目工程量的计算规定。除另有说明外，所有清单项目的工程量应以实体工程量为准，并以完成后的净值计算；投标人投标报价时，应在单价中考虑施工中的各种损耗和需要增加的工程量。

随着工程建设中新材料、新技术、新工艺等的不断涌现，计量规范附录所列的工程量清单项目不可能包含所有项目。在编制工程量清单时，如出现计量规范附录中未包括的清单项目，编制人应做补充。在编制补充项目时应注意以下三个方面：

（1）补充项目的编码应按计量规范的规定确定。具体做法如下：补充项目的编码由计量规范的代码与 B 和三位阿拉伯数字组成，并应从 001 起顺序编制，例如房屋建筑与装饰工程如需补充项目，则其编码应从 01B001 开始按顺序编制，同一招标工程的项目不得重码。

（2）在工程量清单中应附补充项目的项目名称、项目特征、计量单位、工程量计算规则和工作内容。

（3）将编制的补充项目报省级或行业工程造价管理机构备案。

二、措施项目清单

（一）措施项目列项

措施项目是指为完成工程项目施工，发生于该工程施工准备和施工过程中的技术、生活、安全、环境保护等方面的项目。

措施项目清单应根据相关工程现行国家计量规范的规定编制，并应根据拟建工程的实际情况列项。例如，《房屋建筑与装饰工程工程量计算规范》(GB 50854—2013)中规定的措施项目，包括脚手架工程、垂直运输、超高施工增加、安全文明施工及其他措施项目。

(二)措施项目清单的编制

措施项目费用的发生与使用时间、施工方法或者两个以上的工序相关，如安全文明施工，夜间施工，非夜间施工照明，二次搬运，冬雨季施工，地上、地下设施，建筑物的临时保护设施，已完工程及设备保护等。但是有些措施项目则是可以计算工程量的项目，如脚手架工程、垂直运输、超高施工增加等，这类措施项目按照分部分项工程量清单的方式采用综合单价计价，更有利于措施费的确定和调整。措施项目中可以计算工程量的项目清单宜采用分部分项工程量清单的方式编制，列出项目编码、项目名称、项目特征、计量单位和工程量计算规则(见表4-1)；不能计算工程量的项目清单，以“项”为计量单位进行编制(见表4-2)。

表4-2　总价措施项目清单与计价表

工程名称：　　　　　　　　　　　　标段：　　　　　　　　　　　　第　页　共　页

序号	项目编码	项目名称	计算基础	费率(%)	金额(元)	调整费率(%)	调整后金额(元)	备注
		安全文明施工费						
		夜间施工增加费						
		二次搬运费						
		冬雨季施工增加费						
		已完工程及设备保护费						
		……						
		合计						

编制人(造价人员)：　　　　　　　　　　　　复核人(造价工程师)：

注：1.“计算基础”中安全文明施工费可为“定额基价”、“定额人工费”或“定额人工费＋定额机械费”，其他项目可为“定额人工费”或“定额人工费＋定额机械费”。

2. 按施工方案计算的措施费，若无“计算基础”和“费率”的数值，也可只填“金额”的数值，但应在备注栏说明施工方案出处或计算方法。

三、其他项目清单

其他项目清单是指分部分项工程量清单、措施项目清单所包含的内容以外，因招标人的特殊要求而发生的与拟建工程有关的其他费用项目和相应数量的清单。工程建设标准的高低、工程的复杂程度、工程的工期长短、工程的组成内容、发包人对工程管理要求等都直接影响其他项目清单的具体内容。其他项目清单包括暂列金额，暂估价(包括材料暂估单价、工程设备暂估单价、专业工程暂估价)，计日工，总承包服务费。其他项目清单宜按照表4-3的格式编制，出现未包含在表格中内容的项目，可根据工程实际情况补充。

表 4-3 其他项目清单与计价汇总表

序号	项目名称	金额(元)	结算金(元)	备注
1	暂列金额			附明细表
2	暂估价			
2.1	材料(工程设备)暂估价/结算价			附明细表
2.2	专业工程暂估价/结算价			附明细表
3	计日工			附明细表
4	总承包服务费			附明细表
5	索赔与现场签证			
合计				

注:材料(工程设备)暂估单价计入清单项目综合单价,此处不汇总。

四、规费、税金项目清单

规费项目清单应按照下列内容列项:社会保险费,包括养老保险费、失业保险费、医疗保险费、工伤保险费、生育保险费;住房公积金;工程排污费。出现计价规范中未列的项目,应根据省级政府或省级有关权力部门的规定列项。税金项目清单应包括下列内容:营业税;城市维护建设税;教育费附加;地方教育附加。出现计价规范中未列的项目,应根据税务部门的规定列项。规费、税金项目计价表如表 4-4 所示。

表 4-4 规费、税金项目计价表

工程名称: 标段: 第 页 共 页

序号	项目名称	计算基数	计算费率(%)	金额(元)
1	规费			
1.1	社会保险费			
(1)	养老保险费			
(2)	失业保险费			
(3)	医疗保险费			
(4)	工伤保险费			
(5)	生育保险费			
1.2	住房公积金			
1.3	工程排污费			
2	税金			
合计				

编制人(造价人员): 复核人(造价工程师):

【实战演练 4-1】 查阅《建设工程工程量清单计价规范》(GB 50500—2013)、《房屋建筑与装饰工程工程量计算规范》(GB 50854—2013)、工程量清单计价文件及招投标造价文件。

1. 任务要求

熟悉工程量清单计价与计量规范,掌握工程量清单计价文件编制要求。

2. 任务分析与实施

(1)工程量清单编制要求。

(2)工程量清单与计价表格格式。

(3)工程量计量规范附录内容。

3. 讨论与总结

对照计价与计量规范,对比分析附录中自助银行清单计价文件的完整性。

习 题

一、单项选择题(每题 0.5 分,共 5 分)

1. 工程量清单是表现拟建工程(　　)的明细清单。

A. 分部分项工程项目

B. 分部分项工程项目、措施项目、其他项目

C. 措施项目和其他项目

D. 分部分项工程项目、措施项目、其他项目名称和相应数量

2. 工程量清单计价格式应由(　　)填写。

A. 建筑设计单位　　　　B. 投标单位

C. 招标单位　　　　D. 监理单位

3. 工程量清单是(　　)的组成部分。

A. 设计文件　　　　B. 施工组织设计

C. 施工方案　　　　D. 招标文件

4. 工程量清单计价时,清单中工程量是招标人计算出来的,结算时的工程量以(　　)为依据。

A. 清单工程量

B. 招标人或其委托的监理工程师核准的实际工程量

C. 设计图纸工程量

D. 实际工程量

5. 工程量清单是由(　　)依据计价办法、招标文件要求、设计文件和施工现场实际情况编制。

A. 设计单位　　　　B. 施工单位

C. 投标单位　　　　D. 业主委托的造价咨询机构

6. 工程量清单中项目编码以五级编码设置、十二位阿拉伯数字表示,其中由工程量清

单编制人为区分具体工程的清单项目特征而编码的是(　　)。

A. 第二级(两位)　　B. 第三级(两位)

C. 第四级(三位)　　D. 第五级(三位)

7. 根据《建设工程工程量清单计价规范》(GB 50500—2013),设置工程量清单项目时要做到统一(　　)。

A. 项目编码、工程量计算规则

B. 项目编码、项目名称、项目特征、计量单位、工程量计算规则

C. 工程量计算规则

D. 项目编码、计量单位、工程量计算规则

8. 关于措施项目清单编制说法错误的是(　　)。

A. 应根据相关工程现行国家计量规范的规定编制

B. 列项时不考虑拟建工程的实际情况

C. 可以计算工程量的项目清单宜采用分部分项工程量清单的方式编制

D. 不能计算工程量的项目清单,以“项”为计量单位进行编制

9. 分部分项工程项目清单必须载明项目编码、项目名称、项目特征、(　　)。

A. 工程量　　B. 计量单位、工程量计算规则

C. 工程量计算规则　　D. 计量单位、工程量

10. 建设工程发承包及实施阶段的工程造价应由分部分项工程费、措施项目费、其他项目费、(　　)组成。

A. 规费　　B. 税金

C. 规费和税金　　D. 风险费用

二、简述题(共5分)

简述工程量清单计价的作用。

项目五 装饰工程清单计量与计价

【知识目标】

◇掌握装饰工程清单工程量计算规则。

◇熟悉装饰工程清单项目编码及特征描述内容。

◇掌握装饰工程清单综合单价的确定方法。

【能力目标】

◇会进行装饰工程清单工程量计算。

◇能编制工程工程量清单。

◇会进行装饰工程清单综合单价的确定。

◇能编制工程量清单计价表。

任务一 楼地面装饰工程

楼地面装饰工程有关的定额说明与解释、定额项目工程量计算规则见码 5-1。

一、整体面层及找平层(编码:011101)

码 5-1 楼地面装饰工程

《房屋建筑与装饰工程工程量计算规范》(GB 50854—2013)附录 L 中的整体面层及找平层包括水泥砂浆楼地面、现浇水磨石楼地面、细石混凝土楼地面、菱苦土楼地面、自流坪楼地面和平面砂浆找平层共 6 个清单项目。各清单项目设置的具体内容见表 5-1。整体面层及找平层的定额说明和工程量计算规则见码 5-2。

表 5-1 整体面层及找平层(编码:011101)

项目编码	项目名称	项目特征	计量单位	工程量计算规则
011101001	水泥砂浆楼地面	1.找平层厚度、砂浆配合比 2.素水泥浆遍数 3.面层厚度、砂浆配合比 4.面层做法要求	m^2	按设计图示尺寸以面积计算。扣除凸出地面构筑物、设备基础、室内铁道、地沟等所占面积,不扣除间壁墙及≤0.3 m^2 的柱、垛、附墙烟囱及孔洞所占面积。门洞、空圈、暖气包槽、壁龛的开口部分不增加面积
011101002	现浇水磨石楼地面	1.找平层厚度、砂浆配合比 2.面层厚度、水泥石子浆配合比 3.嵌条材料种类、规格 4.石子种类、规格、颜色 5.颜料种类、颜色 6.图案要求 7.磨光、酸洗、打蜡要求		

续表 5-1

项目编码	项目名称	项目特征	计量单位	工程量计算规则
011101003	细石混凝土地面	1.找平层厚度、砂浆配合比 2.面层厚度、混凝土强度等级		按设计图示尺寸以面积计算。扣除凸出地面构筑物、设备基础、室内铁道、地沟等所占面积,不扣除间壁墙及≤0.3 m^{2}的柱、垛、附墙烟囱及孔洞所占面积。门洞、空圈、暖气包槽、壁龛的开口部分不增加面积
011101004	菱苦土楼地面	1.找平层厚度、砂浆配合比 2.面层厚度 3.打蜡要求		
011101005	自流坪楼地面	1.找平层砂浆配合比、厚度 2.界面剂材料种类 3.中层漆材料种类、厚度 4.面漆材料种类、厚度 5.面层材料种类	m^2	
011101006	平面砂浆找平层	找平层厚度、砂浆配合比		按设计图示尺寸以面积计算

注:1.水泥砂浆面层处理是拉毛还是提浆压光应在面层做法要求中描述。

2.平面砂浆找平层只适用于仅做找平层的平面抹灰。

3.间壁墙指墙厚≤120 mm 的墙。

4.楼地面混凝土垫层另按《房屋建筑与装饰工程工程量计算规范》(GB 50854—2013)附录 E.1 垫层项目编码列项,除混凝土外的其他材料垫层按《房屋建筑与装饰工程工程量计算规范》(GB 50854—2013)表 D.4 垫层项目编码列项。

【实战演练 5-1】 某装饰工程平面图如图 5-1 所示,地面做法:在硬基层上抹 20 mm 厚 1∶3 水泥砂浆找平层、20 mm 厚 1∶2 水泥砂浆面层。

1.任务要求

(1)编制该项目工程量清单。

(2)编制该项目工程量清单计价表。

2.任务分析与实施

1)编制该项目工程量清单

(1)确定清单项。

根据表 5-1 整体面层及找平层列项。

项目编码:011101001001。

项目名称:水泥砂浆楼地面。

工程内容:基层清理、抹找平层、抹面层、材料运输。

码 5-2　整体面层及找平层

(2)清单工程量计算。

根据确定的清单工程量计算规则,以平方米计量,按设计图示尺寸以面积计算。

工程数量$=(7.2-0.24)\times(8.1-0.24)+(3.6-0.24)\times(3-0.24)+(3.6-0.24)\times(5.1-0.24)=80.31(\text{m}^2)$。

(3)编制分部分项工程量清单。

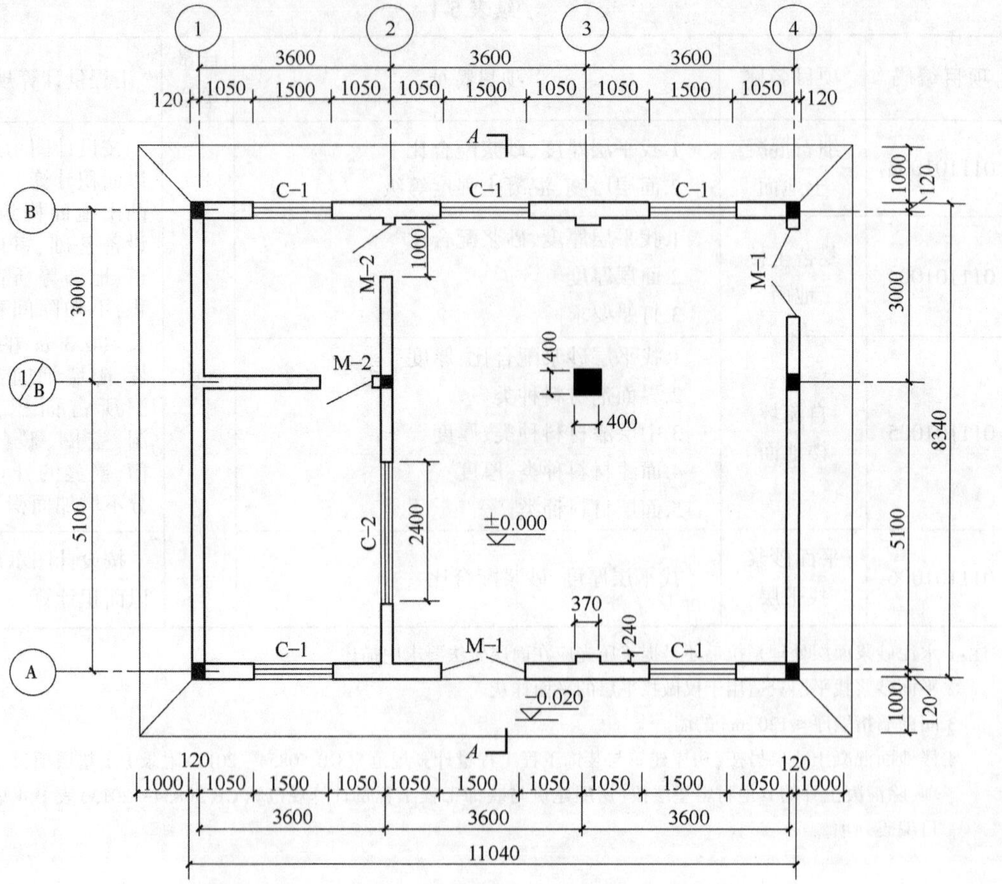

图 5-1 某装饰工程平面图

将上述结果及相关内容填入“分部分项工程及单价措施项目清单与计价表”，如表 5-2 所示。

表 5-2 分部分项工程及单价措施项目清单与计价表

工程名称：某装饰工程　　　　第 1 页　共 1 页

序号	项目编码	项目名称	项目特征	计量单位	工程数量	金额（元）		
						综合单价	合价	其中：暂估价
1	011101001001	水泥砂浆楼地面	1. 找平层厚 20 mm、配合比 1：3 水泥砂浆 2. 面层厚 20 mm、配合比 1：2水泥砂浆	m^2	80.31			

2) 编制该项目工程量清单计价表

(1) 选择定额：

①找平层的工程量 = (7.2−0.24)×(8.1−0.24)+(3.6−0.24)×(3.0−0.24)+(3.6−0.24)×(5.1−0.24)= 80.31(m²)。

20 mm 厚 1∶3 水泥砂浆找平层,套用《山东省建筑工程消耗量定额》(SD 01−31—2016)(简称定额,下同)11−1−1 子目。

②水泥砂浆面层的工程量 = (7.2−0.24)×(8.1−0.24)+(3.6−0.24)×(3.0−0.24)+(3.6−0.24)×(5.1−0.24)= 80.31(m²)。

20 mm 厚水泥砂浆面层,套用定额 11−2−1 子目。

(2)依据定额(省价目表 2017)组价,综合单价计算分析如表 5-3 所示。

表 5-3　分部分项工程量清单综合单价分析表

工程名称:某装饰工程　　　　第 1 页　共 1 页

<table>
<tr><td>项目编码</td><td colspan="3">011101001001</td><td colspan="2">项目名称</td><td colspan="3">水泥砂浆楼地面</td><td colspan="2">计量单位</td><td>m²</td></tr>
<tr><td colspan="12">清单综合单价组成明细</td></tr>
<tr><td rowspan="2">定额编号</td><td rowspan="2">定额名称</td><td rowspan="2">定额单位</td><td rowspan="2">数量</td><td colspan="4">单价</td><td colspan="4">合价</td></tr>
<tr><td>人工费</td><td>材料费</td><td>机械费</td><td>管理费和利润</td><td>人工费</td><td>材料费</td><td>机械费</td><td>管理费和利润</td></tr>
<tr><td>11−1−1</td><td>水泥砂浆在混凝土或硬基层上 20 mm</td><td rowspan="2">10 m²</td><td>1.0</td><td>78.28</td><td>67.72</td><td>4.04</td><td>38.75</td><td>7.83</td><td>6.77</td><td>0.40</td><td>3.88</td></tr>
<tr><td>11−2−1</td><td>水泥砂浆楼地面 20 mm</td><td>1.0</td><td>101.97</td><td>97.19</td><td>4.04</td><td>50.48</td><td>10.20</td><td>9.72</td><td>0.40</td><td>5.05</td></tr>
<tr><td colspan="2">人工单价</td><td colspan="6">小计</td><td>18.03</td><td>16.49</td><td>0.80</td><td>8.93</td></tr>
<tr><td colspan="2">综合工日 103 元/工日</td><td colspan="6">未计价材料费</td><td colspan="4"></td></tr>
<tr><td colspan="8">清单项目综合单价</td><td colspan="4">44.25</td></tr>
<tr><td rowspan="4">材料费明细</td><td colspan="5">主要材料名称、规格、型号</td><td>单位</td><td>数量</td><td>单价(元)</td><td>合价(元)</td><td>暂估单价(元)</td><td>暂估合价(元)</td></tr>
<tr><td colspan="5">(略)</td><td></td><td></td><td></td><td></td><td></td><td></td></tr>
<tr><td colspan="7">其他材料费</td><td>—</td><td></td><td>—</td><td></td></tr>
<tr><td colspan="7">材料费小计</td><td>—</td><td>16.49</td><td>—</td><td>0</td></tr>
</table>

注:本书所有装饰工程案例没有特别说明的,工程类别均按Ⅲ类工程计算。

3)计算合价

将计算得到的综合单价填入对应"分部分项工程及单价措施项目清单与计价表"中,并计算得到合价,见表 5-4。

表 5-4 分部分项工程及单价措施项目清单与计价表

工程名称:某装饰工程　　　　第 1 页　共 1 页

序号	项目编码	项目名称	项目特征	计量单位	工程数量	金额(元)		
						综合单价	合价	其中:暂估价
1	011101001001	水泥砂浆楼地面	1.找平层厚 20 mm、配合比 1∶3 水泥砂浆 2.面层厚 20 mm、配合比 1∶2水泥砂浆	m^2	80.31	44.25	3 553.72	

二、块料面层(编码:011102)

《房屋建筑与装饰工程工程量计算规范》(GB 50854—2013)附录 L 中的块料面层包括石材楼地面、碎石材楼地面、块料楼地面共 3 个清单项目。各清单项目设置的具体内容见表 5-5。块料面层的定额说明及工程量计算规则见码 5-3。

表 5-5 块料面层(编码:011102)

项目编码	项目名称	项目特征	计量单位	工程量计算规则
011102001	石材楼地面	1.找平层厚度、砂浆配合比 2.结合层厚度、砂浆配合比 3.面层材料品种、规格、颜色 4.嵌缝材料种类 5.防护层材料种类 6.酸洗、打蜡要求	m^2	按设计图示尺寸以面积计算。门洞、空圈、暖气包槽、壁龛的开口部分并入相应的工程量内
011102002	碎石材楼地面			
011102003	块料楼地面			

注:1.在描述碎石材项目的面层材料特征时可不用描述规格、颜色。

2.石材、块料与黏结材料的结合面刷防渗材料的种类在防护层材料种类中描述。

3.本表工作内容中的磨边指施工现场磨边,后面章节工作内容中涉及的磨边含义同。

【实战演练 5-2】 某装饰工程平面图如图 5-2 所示,附墙垛为 240 mm×240 mm,门洞宽 1 000 mm,地面用水泥砂浆粘贴花岗石板,规格为 800 mm×800 mm,单一颜色,边界到门扇下面。

1.任务要求

(1)编制该项目工程量清单。

(2)编制该项目工程量清单计价表。

2.任务分析与实施

1)编制该项目工程量清单

(1)确定清单项。

根据表 5-5 块料面层列项。

码 5-3 块料面层

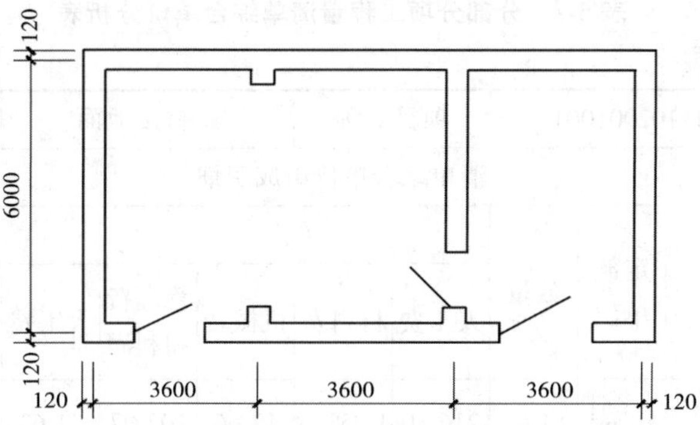

图 5-2　某装饰工程平面图

项目编码:011102001001。

项目名称:石材楼地面。

工程内容:基层清理、抹找平层、面层铺设、磨边、嵌缝、刷防护材料、酸洗打蜡、材料运输。

(2)清单工程量计算。

根据确定的清单工程量计算规则,以平方米计量,按设计图示尺寸以面积计算。

工程数量 $=(7.2-0.24)\times(6-0.24)-0.24\times0.24\times2+(3.6-0.24)\times(6-0.24)+1\times0.24\times2$

$=59.81(m^2)$

(3)编制分部分项工程量清单。

将上述结果及相关内容填入"分部分项工程及单价措施项目清单与计价表",如表 5-6 所示。

表 5-6　分部分项工程及单价措施项目清单与计价表

工程名称:某装饰工程　　　　第 1 页　共 1 页

序号	项目编码	项目名称	项目特征	计量单位	工程数量	金额(元)		
						综合单价	合价	其中:暂估价
1	011102001001	石材楼地面	面层:花岗石板、规格 800 mm×800 mm、单一颜色	m^2	59.81			

2)编制该项目工程量清单计价表

(1)花岗石板地面工程量 $=(3.6\times3-0.24\times2)\times(6-0.24)-0.24\times0.24\times2+1\times0.24+1\times0.12\times2=59.81(m^2)$

石材块料单块面积为 0.64 m^2,套用定额地面用水泥砂浆粘贴花岗石板(不分色)11-3-1 子目。

(2)依据《山东省建筑工程消耗量定额》(SD 01—31—2016)(省价目表 2017)组价,综合单价计算分析如表 5-7 所示。

表 5-7 分部分项工程量清单综合单价分析表

工程名称:某装饰工程　　　　第 1 页　共 1 页

<table>
<tr><td>项目编码</td><td colspan="3">011102001001</td><td colspan="2">项目名称</td><td colspan="2">石材楼地面</td><td colspan="2">计量单位</td><td>m^2</td></tr>
<tr><td colspan="12">清单综合单价组成明细</td></tr>
<tr><td rowspan="2">定额编号</td><td rowspan="2">定额名称</td><td rowspan="2">定额单位</td><td rowspan="2">数量</td><td colspan="4">单价</td><td colspan="4">合价</td></tr>
<tr><td>人工费</td><td>材料费</td><td>机械费</td><td>管理费和利润</td><td>人工费</td><td>材料费</td><td>机械费</td><td>管理费和利润</td></tr>
<tr><td>11-3-1</td><td>楼地面水泥砂浆不分色</td><td>10 m^2</td><td>1.0</td><td>216.30</td><td>1 958.78</td><td>12.66</td><td>107.07</td><td>21.63</td><td>195.88</td><td>1.27</td><td>10.71</td></tr>
<tr><td colspan="2">人工单价</td><td colspan="6">小计</td><td>21.63</td><td>195.88</td><td>1.27</td><td>10.71</td></tr>
<tr><td colspan="2">综合工日 103 元/工日</td><td colspan="6">未计价材料费</td><td colspan="4"></td></tr>
<tr><td colspan="8">清单项目综合单价</td><td colspan="4">229.49</td></tr>
<tr><td rowspan="4">材料费明细</td><td colspan="4">主要材料名称、规格、型号</td><td>单位</td><td>数量</td><td>单价（元）</td><td>合价（元）</td><td>暂估单价（元）</td><td>暂估合价（元）</td></tr>
<tr><td colspan="4">（略）</td><td></td><td></td><td></td><td></td><td></td><td></td></tr>
<tr><td colspan="6">其他材料费</td><td>—</td><td></td><td>—</td><td></td></tr>
<tr><td colspan="6">材料费小计</td><td>—</td><td>195.88</td><td>—</td><td>0</td></tr>
</table>

3)计算合价

将计算得到的综合单价填入对应“分部分项工程及单价措施项目清单与计价表”中,并计算得到合价,见表 5-8。

表 5-8 分部分项工程及单价措施项目清单与计价表

工程名称:某装饰工程　　　　第 1 页　共 1 页

<table>
<tr><td rowspan="2">序号</td><td rowspan="2">项目编码</td><td rowspan="2">项目名称</td><td rowspan="2">项目特征</td><td rowspan="2">计量单位</td><td rowspan="2">工程数量</td><td colspan="3">金额(元)</td></tr>
<tr><td>综合单价</td><td>合价</td><td>其中:暂估价</td></tr>
<tr><td>1</td><td>011102001001</td><td>石材楼地面</td><td>面层:花岗石板、规格 800 mm×800 mm、单一颜色</td><td>m^2</td><td>59.81</td><td>229.49</td><td>13 725.80</td><td></td></tr>
</table>

三、橡塑面层(编码:011103)

《房屋建筑与装饰工程工程量计算规范》(GB 50854—2013)附录 L 中的橡塑面层包括橡胶板楼地面、橡胶板卷材楼地面、塑料板楼地面、塑料卷材楼地面共 4 个清单项目。各清单项目设置的具体内容见表 5-9。

表 5-9　橡塑面层(编码:011103)

项目编码	项目名称	项目特征	计量单位	工程量计算规则
011103001	橡胶板楼地面	1.黏结层厚度、材料种类 2.面层材料品种、规格、颜色 3.压线条种类	m^2	按设计图示尺寸以面积计算。门洞、空圈、暖气包槽、壁龛的开口部分并入相应的工程量内
011103002	橡胶卷材楼地面			
011103003	塑料板楼地面			
011103004	塑料卷材楼地面			

注:本表项目中如涉及找平层,另按表 L.1 找平层项目编码列项。

四、其他材料面层(编码:011104)

《房屋建筑与装饰工程工程量计算规范》(GB 50854—2013)附录 L 中的其他材料面层包括地毯楼地面,竹、木(复合)地板,金属复合地板,防静电活动地板共 4 个清单项目。各清单项目设置的具体内容见表 5-10。其他材料面层的定额说明和工程量计算规则见码 5-4。

表 5-10　其他材料面层(编码:011104)

项目编码	项目名称	项目特征	计量单位	工程量计算规则
011104001	地毯楼地面	1.面层材料品种、规格、颜色 2.防护材料种类 3.黏结材料种类 4.压线条种类	m^2	按设计图示尺寸以面积计算。门洞、空圈、暖气包槽、壁龛的开口部分并入相应的工程量内
011104002	竹、木(复合)地板	1.龙骨材料种类、规格、铺设间距 2.基层材料种类、规格 3.面层材料品种、规格、颜色 4.防护材料种类		
011104003	金属复合地板			
011104004	防静电活动地板	1.支架高度、材料种类 2.面层材料品种、规格、颜色 3.防护材料种类		

【实战演练 5-3】　某体操练功房的地面铺木地板,其做法是:木龙骨单向铺(带横撑)间距 400 mm×400 mm;上铺 18 mm 厚松木毛地板;上铺条形实木地板(成品),实铺面积为 600 m^2。

1.任务要求

(1)编制该项目工程量清单。

(2)编制该项目工程量清单计价表。

2.任务分析与实施

1)编制该项目工程量清单

(1)确定清单项。

码 5-4　其他材料面层

根据表 5-10 其他材料面层列项。

项目编码:011104002001。

项目名称:木地板。

工程内容:基层清理、龙骨铺设、基层铺设、面层铺贴、刷防护材料、材料运输。

(2)清单工程量计算。

根据确定的清单工程量计算规则,以平方米计量,按设计图示尺寸以面积计算。

工程数量:实铺面积 600 m^2。

(3)编制分部分项工程量清单。

将上述结果及相关内容填入“分部分项工程及单价措施项目清单与计价表”,如表 5-11 所示。

表 5-11　分部分项工程及单价措施项目清单与计价表

工程名称:某装饰工程　　　　第 1 页　共 1 页

序号	项目编码	项目名称	项目特征	计量单位	工程数量	金额(元)		
						综合单价	合价	其中:暂估价
1	011104002001	木地板	1.龙骨材料:木龙骨、间距 400 mm×400 mm 2.基层:松木毛地板、规格 18 mm 厚 3.面层:条形实木地板(成品)	m^2	600			

2)编制该项目工程量清单计价表

(1)选择定额:

①木龙骨工程量=600 m^2。

木地板铺木龙骨,套用定额 11-4-1 子目。

②木龙骨上铺毛地板工程量=600 m^2。

木龙骨上铺毛地板,套用定额 11-4-2 子目。

③毛地板上铺实木地板工程量=600 m^2。

毛地板上铺实木地板(成品),套用定额 11-4-5 子目。

(2)依据《山东省建筑工程消耗量定额》(SD 01—31—2016)(省价目表 2017)组价,综合单价计算分析如表 5-12 所示。

表 5-12　分部分项工程量清单综合单价分析表

工程名称：某装饰工程　　　　第 1 页　共 1 页

项目编码	011104002001	项目名称	木地板	计量单位	m^2

清单综合单价组成明细

定额编号	定额名称	定额单位	数量	单价				合价			
				人工费	材料费	机械费	管理费和利润	人工费	材料费	机械费	管理费和利润
11-4-1	木龙骨单向铺间距 400 mm（带横撑）	10 m^2	1.0	107.12	210.25	8.41	53.02	10.712	21.03	0.84	5.30
11-4-2	木龙骨上铺毛地板		1.0	90.64	644.79	2.50	44.87	9.064	64.48	0.25	4.49
11-4-5	条形实木地板（成品）铺在毛地板上		1.0	139.05	1 529.53	6.74	68.83	13.905	152.95	0.67	6.88
人工单价		小计						33.68	238.46	1.76	16.67
综合工日 103 元/工日		未计价材料费									
清单项目综合单价								290.57			

材料费明细	主要材料名称、规格、型号	单位	数量	单价（元）	合价（元）	暂估单价（元）	暂估合价（元）
	（略）						
	其他材料费			—		—	
	材料费小计			—	238.46	—	0

3）计算合价

将计算得到的综合单价填入对应“分部分项工程及单价措施项目清单与计价表”中，并计算得到合价，见表 5-13。

表 5-13　分部分项工程及单价措施项目清单与计价表

工程名称:某装饰工程　　　　第 1 页　共 1 页

序号	项目编码	项目名称	项目特征	计量单位	工程数量	金额(元)		
						综合单价	合价	其中:暂估价
1	011104002001	木地板	1.龙骨材料:木龙骨、间距 400 mm×400 mm 2.基层:松木毛地板、规格 18 mm 厚 3.面层:条形实木地板(成品)	m^2	600	290.57	174 342	

五、踢脚线(编码:011105)

《房屋建筑与装饰工程工程量计算规范》(GB 50854—2013)附录 L 中的踢脚线包括水泥砂浆踢脚线、石材踢脚线、块料踢脚线、塑料板踢脚线、木质踢脚线、金属踢脚线、防静电踢脚线共 7 个清单项目。各清单项目设置的具体内容见表 5-14。踢脚线的定额说明和工程量计算规则见码 5-5。

表 5-14　踢脚线(编码:011105)

项目编码	项目名称	项目特征	计量单位	工程量计算规则
011105001	水泥砂浆踢脚线	1.踢脚线高度 2.底层厚度、砂浆配合比 3.面层厚度、砂浆配合比	1.m^2 2.m	1.以平方米计量,按设计图示长度乘以高度以面积计算 2.以米计量,按延长米计算。
011105002	石材踢脚线	1.踢脚线高度 2.粘贴层厚度、材料种类 3.面层材料品种、规格、颜色 4.防护材料种类		
011105003	块料踢脚线			
011105004	塑料板踢脚线	1.踢脚线高度 2.粘贴层厚度、材料种类 3.面层材料品种、规格、颜色		
011105005	木质踢脚线	1.踢脚线高度 2.基层材料种类 3.面层材料品种、规格、颜色		
011105006	金属踢脚线			
011105007	防静电踢脚线			

注:石材、块料与黏结材料的结合面刷防渗材料的种类在防护材料种类中描述。

【实战演练 5-4】 某装饰工程房屋平面图如图 5-3 所示，室内水泥砂浆粘贴 200 mm 高预制水磨石踢脚板。

1.任务要求

(1)编制该项目工程量清单。

(2)编制该项目工程量清单计价表。

码 5-5　踢脚线

2.任务分析与实施

1)编制该项目工程量清单

(1)确定清单项。

根据表 5-14 踢脚线列项。

项目编码：011105002001。

项目名称：石材踢脚线。

工程内容：基层清理、底层抹灰、面层铺贴、磨边、擦缝、磨光、酸洗、打蜡、刷防护材料、材料运输。

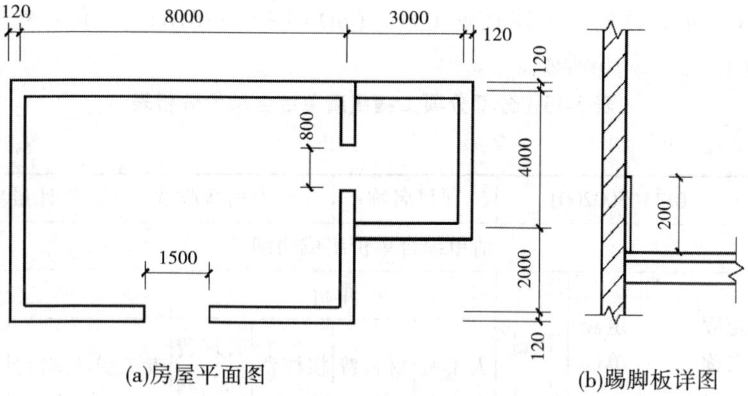

图 5-3　房屋平面图及踢脚板详图

(2)清单工程量计算。

根据确定的清单工程量计算规则，以平方米计量，按设计图示长度乘以高度以面积计算。

$$工程数量=\{[(8-0.24)+(6-0.24)]\times2-1.5+0.12\times2-0.8+0.12\times2\}\times0.2+\{[(3-0.24)+(4-0.24)]\times2-0.8+0.12\times2\}\times0.2=7.54(m^2)$$

(3)编制分部分项工程量清单。

将上述结果及相关内容填入“分部分项工程及单价措施项目清单与计价表”，如表 5-15 所示。

表 5-15 分部分项工程及单价措施项目清单与计价表

工程名称:某装饰工程　　　　　　　　　　　　　　　　　　　　　　第 1 页　共 1 页

<table>
<tr><th rowspan="2">序号</th><th rowspan="2">项目编码</th><th rowspan="2">项目名称</th><th rowspan="2">项目特征</th><th rowspan="2">计量单位</th><th rowspan="2">工程数量</th><th colspan="3">金额(元)</th></tr>
<tr><th>综合单价</th><th>合价</th><th>其中:暂估价</th></tr>
<tr><td>1</td><td>011105002001</td><td>石材踢脚线</td><td>1.踢脚线高度:20 mm
2.粘贴层材料:水泥砂浆
3.面层材料:预制水磨石</td><td>m^2</td><td>7.54</td><td></td><td></td><td></td></tr>
</table>

2)编制该项目工程量清单计价表

(1)踢脚板的工程量=[(8−0.24+6−0.24)×2+(4−0.24+3−0.24)×2−1.5−0.8×2+0.12×6]×0.2=7.54(m^2)。

水泥砂浆粘贴 200 mm 高预制水磨石踢脚板,套用定额 11-3-20 子目。

(2)依据《山东省建筑工程消耗量定额》(SD 01-31-2016)(省价目表 2017)组价,综合单价计算分析如表 5-16 所示。

表 5-16 分部分项工程量清单综合单价分析表

工程名称:某装饰工程　　　　　　　　　　　　　　　　　　　　　　第 1 页　共 1 页

<table>
<tr><td colspan="2">项目编码</td><td colspan="2">011105002001</td><td colspan="2">项目名称</td><td colspan="3">石材踢脚线</td><td colspan="2">计量单位</td><td>m^2</td></tr>
<tr><td colspan="12">清单综合单价组成明细</td></tr>
<tr><td rowspan="2">定额编号</td><td rowspan="2">定额名称</td><td rowspan="2">定额单位</td><td rowspan="2">数量</td><td colspan="4">单价</td><td colspan="4">合价</td></tr>
<tr><td>人工费</td><td>材料费</td><td>机械费</td><td>管理费和利润</td><td>人工费</td><td>材料费</td><td>机械费</td><td>管理费和利润</td></tr>
<tr><td>11-3-20</td><td>踢脚板直线形水泥砂浆</td><td>10 m^2</td><td>1.0</td><td>515.00</td><td>1 194.22</td><td>13.02</td><td>254.93</td><td>51.50</td><td>119.42</td><td>1.30</td><td>25.49</td></tr>
<tr><td colspan="3">人工单价</td><td colspan="5">小计</td><td>51.50</td><td>119.42</td><td>1.30</td><td>25.49</td></tr>
<tr><td colspan="3">综合工日 103 元/工日</td><td colspan="5">未计价材料费</td><td colspan="4"></td></tr>
<tr><td colspan="8">清单项目综合单价</td><td colspan="4">197.71</td></tr>
<tr><td rowspan="4">材料费明细</td><td colspan="5">主要材料名称、规格、型号</td><td>单位</td><td>数量</td><td>单价(元)</td><td>合价(元)</td><td>暂估单价(元)</td><td>暂估合价(元)</td></tr>
<tr><td colspan="5">(略)</td><td></td><td></td><td></td><td></td><td></td><td></td></tr>
<tr><td colspan="7">其他材料费</td><td>—</td><td></td><td>—</td><td></td></tr>
<tr><td colspan="7">材料费小计</td><td>—</td><td>119.42</td><td>—</td><td>0</td></tr>
</table>

3）计算合价

将计算得到的综合单价填入对应“分部分项工程及单价措施项目清单与计价表”中，并计算得到合价，见表5-17。

表5-17　分部分项工程及单价措施项目清单与计价表

工程名称：某装饰工程　　　　第1页　共1页

序号	项目编码	项目名称	项目特征	计量单位	工程数量	金额（元）		
						综合单价	合价	其中：暂估价
1	011105002001	石材踢脚线	1.踢脚线高度：20 mm 2.粘贴层材料：水泥砂浆 3.面层材料：预制水磨石	m^2	7.54	197.71	1 490.73	

六、楼梯面层（编码：011106）

《房屋建筑与装饰工程工程量计算规范》（GB 50854—2013）附录L中的楼梯面层包括石材楼梯面层、块料楼梯面层、拼碎块料面层、水泥砂浆楼梯面层、现浇水磨石楼梯面层、地毯楼梯面层、木板楼梯面层、橡胶板楼梯面层、塑料板楼梯面层共9个清单项目。各清单项目设置的具体内容见表5-18。楼梯面层的定额说明和工程量计算规则见码5-6。

表5-18　楼梯面层（编码：011106）

<table>
<tr><th>项目编码</th><th>项目名称</th><th>项目特征</th><th>计量单位</th><th>工程量计算规则</th></tr>
<tr><td>011106001</td><td>石材楼梯面层</td><td rowspan="3">1.找平层厚度、砂浆配合比
2.黏结层厚度、材料种类
3.面层材料品种、规格、颜色
4.防滑条材料种类、规格
5.勾缝材料种类
6.防护层材料种类
7.酸洗、打蜡要求</td><td rowspan="5">m^2</td><td rowspan="5">按设计图示尺寸以楼梯（包括踏步、休息平台及≤500 mm的楼梯井）水平投影面积计算。楼梯与楼地面相连时，算至梯口梁内侧边沿；无梯口梁者，算至最上一层踏步边沿加300 mm</td></tr>
<tr><td>011106002</td><td>块料楼梯面层</td></tr>
<tr><td>011106003</td><td>拼碎块料面层</td></tr>
<tr><td>011106004</td><td>水泥砂浆楼梯面层</td><td>1.找平层厚度、砂浆配合比
2.面层厚度、砂浆配合比
3.防滑条材料种类、规格</td></tr>
<tr><td>011106005</td><td>现浇水磨石楼梯面层</td><td>1.找平层厚度、砂浆配合比
2.面层厚度、水泥石子浆配合比
3.防滑条材料种类、规格
4.石子种类、规格、颜色
5.颜料种类、颜色
6.磨光、酸洗、打蜡要求</td></tr>
</table>

续表 5-18

项目编码	项目名称	项目特征	计量单位	工程量计算规则
011106006	地毯楼梯面层	1.基层种类 2.面层材料品种、规格、颜色 3.防护材料种类 4.黏结材料种类 5.固定配件材料种类、规格	m^2	按设计图示尺寸以楼梯(包括踏步、休息平台及≤500 mm 的楼梯井)水平投影面积计算。楼梯与楼地面相连时,算至梯口梁内侧边沿;无梯口梁者,算至最上一层踏步边沿加 300 mm
011106007	木板楼梯面层	1.基层材料种类、规格 2.面层材料品种、规格、颜色 3.黏结材料种类 4.防护材料种类		
011106008	橡胶板楼梯面层	1.黏结层厚度、材料种类 2.面层材料品种、规格、颜色 3.压线条种类		
011106009	塑料板楼梯面层			

注:1.在描述碎石材项目的面层材料特征时可不用描述规格、颜色。
2.石材、块料与黏结材料的结合面刷防渗材料的种类在防护材料种类中描述。

【实战演练 5-5】 某两层楼房装饰工程,双跑楼梯平面图如图 5-4 所示,顶面铺花岗石板(未考虑防滑条),水泥砂浆粘贴。

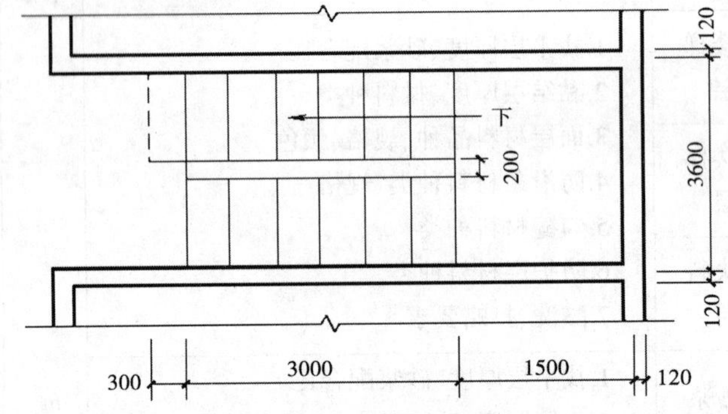

图 5-4 楼梯平面图

1.任务要求

(1)编制该项目工程量清单。

(2)编制该项目工程量清单计价表。

2.任务分析与实施

1)编制该项目工程量清单

(1)确定清单项。

根据表 5-18 楼梯面层列项。

码 5-6 楼梯面层平面

项目编码：011106001001。

项目名称：石材楼梯面层。

工程内容：基层清理、抹找平层、面层铺贴、磨边、贴嵌防滑条、勾缝、刷防护材料、酸洗、打蜡、材料运输。

(2)清单工程量计算。

根据确定的清单工程量计算规则，按设计图示尺寸以楼梯(包括踏步、休息平台及≤500 mm 的楼梯井)水平投影面积计算。

工程数量 $=(3.0+1.5-0.12+0.3)\times(3.6-0.24)-0.3\times(3.6-0.24)\div2=15.22(\text{m}^2)$

(3)编制分部分项工程量清单。

将上述结果及相关内容填入"分部分项工程及单价措施项目清单与计价表"，如表 5-19 所示。

表 5-19　分部分项工程及单价措施项目清单与计价表

工程名称：某装饰工程　　　　第 1 页　共 1 页

序号	项目编码	项目名称	项目特征	计量单位	工程数量	金额(元)		
						综合单价	合价	其中：暂估价
1	011106001001	石材楼梯面层	1.黏结层材料：水泥砂浆粘贴 2.面层：花岗石板 3.未考虑防滑条	m^2	15.22			

2)编制该项目工程量清单计价表

(1)花岗石板楼梯工程量 $=(3.0+1.5-0.12+0.3)\times(3.6-0.24)-0.3\times(3.6-0.24)\div2=15.22(\text{m}^2)$。

楼梯水泥砂浆粘贴花岗石板，套用定额 11-3-15 子目。

(2)依据《山东省建筑工程消耗量定额》(SD 01—31—2016)(省价目表 2017)组价，综合单价计算分析如表 5-20 所示。

3)计算合价

将计算得到的综合单价填入对应"分部分项工程及单价措施项目清单与计价表"中，并计算得到合价，见表 5-21。

七、台阶装饰(编码：011107)

《房屋建筑与装饰工程工程量计算规范》(GB 50854—2013)附录 L 中的台阶装饰包括石材台阶面、块料台阶面、拼碎块料台阶面、水泥砂浆台阶面、现浇水磨石台阶面、剁假石台阶面共 6 个清单项目。各清单项目设置的具体内容见表 5-22。台阶装饰的定额说明和工程量计算规则见码 5-7。

表 5-20　分部分项工程量清单综合单价分析表

工程名称:某装饰工程　　　　　　　　　　　　　　　　　　　　第 1 页　共 1 页

项目编码	011106001001	项目名称	石材楼梯面层	计量单位	m^2

清单综合单价组成明细											
定额编号	定额名称	定额单位	数量	单价				合价			
				人工费	材料费	机械费	管理费和利润	人工费	材料费	机械费	管理费和利润
11-3-15	楼梯水泥砂浆	10 m^2	1.0	393.46	2673.80	17.29	194.76	39.35	267.38	1.73	19.48
人工单价		小计						39.35	267.38	1.73	19.48
综合工日 103 元/工日		未计价材料费									
清单项目综合单价								327.94			
材料费明细	主要材料名称、规格、型号					单位	数量	单价(元)	合价(元)	暂估单价(元)	暂估合价(元)
	(略)										
	其他材料费							—		—	
	材料费小计							—	267.38	—	0

表 5-21　分部分项工程及单价措施项目清单与计价表

工程名称:某装饰工程　　　　　　　　　　　　　　　　　　　　第 1 页　共 1 页

序号	项目编码	项目名称	项目特征	计量单位	工程数量	金额(元)		
						综合单价	合价	其中:暂估价
1	011106001001	石材楼梯面层	1.黏结层材料:水泥砂浆粘贴 2.面层:花岗石板 3.未考虑防滑条	m^2	15.22	327.94	4 991.25	

表 5-22　台阶装饰(编码:011107)

<table>
<tr><th>项目编码</th><th>项目名称</th><th>项目特征</th><th>计量单位</th><th>工程量计算规则</th></tr>
<tr><td>011107001</td><td>石材台阶面</td><td rowspan="3">1.找平层厚度、砂浆配合比
2.黏结材料种类
3.面层材料品种、规格、颜色
4.勾缝材料种类
5.防滑条材料种类、规格
6.防护材料种类</td><td rowspan="6">m²</td><td rowspan="6">按设计图示尺寸以台阶(包括最上层踏步边沿加 300 mm)水平投影面积计算</td></tr>
<tr><td>011107002</td><td>块料台阶面</td></tr>
<tr><td>011107003</td><td>拼碎块料台阶面</td></tr>
<tr><td>011107004</td><td>水泥砂浆台阶面</td><td>1.找平层厚度、砂浆配合比
2.面层厚度、砂浆配合比
3.防滑条材料种类</td></tr>
<tr><td>011107005</td><td>现浇水磨石台阶面</td><td>1.找平层厚度、砂浆配合比
2.面层厚度、水泥石子浆配合比
3.防滑条材料种类、规格
4.石子种类、规格、颜色
5.颜料种类、颜色
6.磨光、酸洗、打蜡要求</td></tr>
<tr><td>011107006</td><td>剁假石台阶面</td><td>1.找平层厚度、砂浆配合比
2.面层厚度、砂浆配合比
3.剁假石要求</td></tr>
</table>

注:1.在描述碎石材项目的面层材料特征时可不用描述规格、颜色。

2.石材、块料与黏结材料的结合面刷防渗材料的种类在防护材料种类中描述。

【实战演练 5-6】 某工程花岗岩台阶的尺寸如图 5-5 所示,台阶及翼墙1:2.5 水泥砂浆粘贴花岗石板(翼墙外侧不贴)。

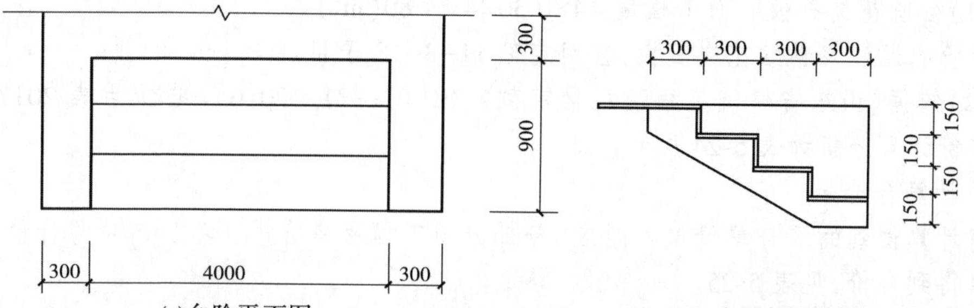

(a)台阶平面图　　(b)台阶侧立面图

图 5-5　台阶平面图及台阶侧立面图

1.任务要求

(1)编制该项目台阶工程量清单。

(2)编制该项目台阶工程量清单计价表。

2.任务分析与实施

1)编制该项目工程量清单

(1)确定清单项。

码 5-7　台阶装饰

根据表 5-22 台阶装饰列项。

项目编码:011107001001。

项目名称:石材台阶面。

工程内容:基层清理、抹找平层、面层铺贴、贴嵌防滑条、勾缝、刷防护材料、材料运输。

(2)清单工程量计算。

按设计图示尺寸以台阶(包括最上层踏步边沿加 300 mm)水平投影面积计算。

工程数量 $=4\times0.30\times4=4.80(m^2)$

(3)编制分部分项工程量清单。

将上述结果及相关内容填入"分部分项工程及单价措施项目清单与计价表",如表 5-23 所示。

表 5-23　分部分项工程及单价措施项目清单与计价表

工程名称:某装饰工程　　　　第 1 页　共 1 页

序号	项目编码	项目名称	项目特征	计量单位	工程数量	金额(元)		
						综合单价	合价	其中:暂估价
1	011107001001	石材台阶面	1.黏结材料:1∶2.5 水泥砂浆 2.面层材料:花岗石板	m^2	4.80			

2)编制该项目工程量清单计价表

(1)台阶花岗石板贴面工程量 $=4\times0.30\times4=4.80(m^2)$。

台阶水泥砂浆粘贴花岗石板,套用定额 11-3-18 子目。

(2)依据《山东省建筑工程消耗量定额》(SD 01—31—2016)(省价目表 2017)组价,综合单价计算分析如表 5-24 所示。

3)计算合价

将计算得到的综合单价填入对应"分部分项工程及单价措施项目清单与计价表"中,并计算得到合价,见表 5-25。

表 5-24　分部分项工程量清单综合单价分析表

工程名称：某装饰工程　　　　　　　　　　　　　　　　　　　　　　第 1 页　共 1 页

项目编码	011107001001			项目名称		石材台阶面		计量单位		m²	
清单综合单价组成明细											
定额编号	定额名称	定额单位	数量	单价				合价			
				人工费	材料费	机械费	管理费和利润	人工费	材料费	机械费	管理费和利润
11-3-18	台阶水泥砂浆	10 m²	1.0	398.61	2 906.52	35.96	197.31	39.86	290.65	3.60	19.73
人工单价		小计						39.86	290.65	3.60	19.73
综合工日 103 元/工日		未计价材料费									
清单项目综合单价								353.84			
材料费明细	主要材料名称、规格、型号					单位	数量	单价（元）	合价（元）	暂估单价（元）	暂估合价（元）
	（略）										
	其他材料费							—		—	
	材料费小计							—	290.65	—	0

表 5-25　分部分项工程及单价措施项目清单与计价表

工程名称：某装饰工程　　　　　　　　　　　　　　　　　　　　　　第 1 页　共 1 页

序号	项目编码	项目名称	项目特征	计量单位	工程数量	金额（元）		
						综合单价	合价	其中：暂估价
1	011107001001	石材台阶面	1.黏结材料：1∶2.5 水泥砂浆 2.面层材料：花岗石板	m²	4.80	353.84	1 698.43	

八、零星装饰项目（编码：011108）

《房屋建筑与装饰工程工程量计算规范》（GB 50854—2013）附录 L 中的零星装饰项目包括石材零星项目、拼碎石材零星项目、块料零星项目、水泥砂浆零星项目共 4 个清单项目。各清单项目设置的具体内容见表 5-26。零星装饰项目的定额说明和工程量计算规则见码 5-8。

表 5-26 零星装饰项目(编码:011108)

项目编码	项目名称	项目特征	计量单位	工程量计算规则
011108001	石材零星项目	1.工程部位 2.找平层厚度、砂浆配合比 3.贴结合层厚度、材料种类 4.面层材料品种、规格、颜色 5.勾缝材料种类 6.防护材料种类 7.酸洗、打蜡要求	m^2	按设计图示尺寸以面积计算
011108002	拼碎石材零星项目			
011108003	块料零星项目			
011108004	水泥砂浆零星项目	1.工程部位 2.找平层厚度、砂浆配合比 3.面层厚度、砂浆厚度		

注:1.楼梯、台阶牵边和侧面镶贴块料面层,不大于 0.5 m^2 的少量分散的楼地面镶贴块料面层,应按本表执行。

2.石材、块料与黏结材料的结合面刷防渗材料的种类在防护材料种类中描述。

【实战演练 5-7】 已知条件同实战演练 5-6。

1.任务要求

(1)编制该项目牵边、侧面装饰工程量清单。

(2)编制该项目牵边、侧面装饰工程量清单计价表。

2.任务分析与实施

1)编制该项目工程量清单

(1)确定清单项。

根据表 5-26 零星装饰项目。

项目编码:011108001001。

项目名称:石材零星项目。

工程内容:基层清理、抹找平层、面层铺贴、磨边、勾缝、刷防护材料、酸洗、打蜡、材料运输。

(2)清单工程量计算。

根据确定的清单工程量计算规则,按设计图示尺寸以面积计算。

码 5-8 零星装饰项目

$$工程数量 = 0.3\times(0.9+0.3+0.15\times4)\times2+(0.3\times3)\times(0.15\times4)(折合) = 1.62(m^2)$$

(3)编制分部分项工程量清单。

将上述结果及相关内容填入"分部分项工程及单价措施项目清单与计价表",如表 5-27 所示。

表 5-27　分部分项工程及单价措施项目清单与计价表

工程名称:某装饰工程　　　　　　　　　　　　　　第 1 页　共 1 页

序号	项目编码	项目名称	项目特征	计量单位	工程数量	金额(元)		
						综合单价	合价	其中:暂估价
1	011108001001	石材零星项目	1.工程部位:台阶及翼墙(翼墙外侧不贴) 2.结合层材料:1∶2.5 水泥砂浆 3.面层:花岗石板	m^2	1.62			

2)编制该项目工程量清单计价表

(1)台阶翼墙水泥砂浆粘贴花岗石板工程量 $=0.3\times(0.9+0.3+0.15\times4)\times2+(0.3\times3)\times(0.15\times4)$(折合)$=1.62(m^2)$。

台阶翼墙水泥砂浆粘贴花岗石板,套用定额 11-3-24 子目。

(2)依据《山东省建筑工程消耗量定额》(SD 01—31—2016)(省价目表 2017)组价,综合单价计算分析如表 5-28 所示。

表 5-28　分部分项工程量清单综合单价分析表

工程名称:某装饰工程　　　　　　　　　　　　　　第 1 页　共 1 页

项目编码	011108001001	项目名称	石材零星项目	计量单位	m^2

清单综合单价组成明细

定额编号	定额名称	定额单位	数量	单价				合价			
				人工费	材料费	机械费	管理费和利润	人工费	材料费	机械费	管理费和利润
11-3-24	零星项目水泥砂浆	10 m^2	1.0	687.01	2 048.02	44.76	340.07	68.70	204.80	4.48	34.01
人工单价		小计						68.70	204.80	4.48	34.01
综合工日 103 元/工日		未计价材料费									
清单项目综合单价								311.99			

续表 5-28

	主要材料名称、规格、型号	单位	数量	单价（元）	合价（元）	暂估单价（元）	暂估合价（元）
材料费明细	（略）						
	其他材料费			—		—	
	材料费小计			—	204.80	—	0

3）计算合价

将计算得到的综合单价填入对应“分部分项工程及单价措施项目清单与计价表”中，并计算得到合价，见表 5-29。

表 5-29　分部分项工程及单价措施项目清单与计价表

工程名称：某装饰工程　　　　第 1 页　共 1 页

序号	项目编码	项目名称	项目特征	计量单位	工程数量	金额（元）		
						综合单价	合价	其中：暂估价
1	011108001001	石材零星项目	1.工程部位：台阶及翼墙（翼墙外侧不贴） 2.结合层材料：1∶2.5 水泥砂浆 3.面层：花岗石板	m^2	1.62	311.99	505.42	

任务二　墙、柱面装饰与隔断、幕墙工程

墙、柱面装饰与隔断、幕墙工程的有关定额说明与解释、工程量计算规则见码 5-9。

一、墙面抹灰（编码：011201）

《房屋建筑与装饰工程工程量计算规范》（GB 50854—2013）附录 M 中的墙面抹灰包括墙面一般抹灰、墙面装饰抹灰、墙面勾缝和立面砂浆找平层共 4 个清单项目。各清单项目设置的具体内容见表 5-30。墙面抹灰的定额说明和工程量计算规则见码 5-10。

码 5-9　墙、柱面装饰与隔断、幕墙工程

表 5-30 整体面层及找平层(编码:011201)

<table>
<tr><th>项目编码</th><th>项目名称</th><th>项目特征</th><th>计量单位</th><th>工程量计算规则</th></tr>
<tr><td>011201001</td><td>墙面一般抹灰</td><td rowspan="2">1.墙体类型
2.底层厚度、砂浆配合比
3.面层厚度、砂浆配合比
4.装饰面材料种类
5.分格缝宽度、材料种类</td><td rowspan="4">m^2</td><td rowspan="4">按设计图示尺寸以面积计算。扣除墙裙、门窗洞口及单个>0.3 m^2的孔洞面积,不扣除踢脚线、挂镜线和墙与构件交接处的面积,门窗洞口和孔洞的侧壁及顶面不增加面积。附墙柱、梁、垛、烟囱侧壁并入相应的墙面面积内。
1.外墙抹灰面积按外墙垂直投影面积计算。
2.外墙裙抹灰面积按其长度乘以高度计算。
3.内墙抹灰面积按主墙间的净长乘以高度计算。
(1)无墙裙的,高度按室内楼地面至天棚底面计算;
(2)有墙裙的,高度按墙裙顶至天棚底面计算;
(3)有吊顶天棚抹灰,高度算至天棚底。
4.内墙裙抹灰面按内墙净长乘以高度计算</td></tr>
<tr><td>011201002</td><td>墙面装饰抹灰</td></tr>
<tr><td>011201003</td><td>墙面勾缝</td><td>1.勾缝类型
2.勾缝材料种类</td></tr>
<tr><td>011201004</td><td>立面砂浆找平层</td><td>1.基层类型
2.找平层砂浆厚度、配合比</td></tr>
</table>

注:1.立面砂浆找平项目适用于仅做找平层的立面抹灰。

2.墙面抹石灰砂浆、水泥砂浆、混合砂浆、聚合物水泥砂浆、麻刀石灰浆、石膏灰浆等按本表中墙面一般抹灰列项;墙面水刷石、斩假石、干黏石、假面砖等按本表中墙面装饰抹灰列项。

3.飘窗突出外墙面增加的抹灰并入外墙工程量内。

4.有吊顶天棚的内墙面抹灰,抹至吊顶以上部分在综合单价中考虑。

【实战演练 5-8】 某框架结构工程如图 5-6 所示,内墙面抹 1∶2 水泥砂浆底,水泥石灰膏砂浆找平,麻刀石灰浆面层,共 20 mm 厚。内墙裙采用 1∶3 的水泥砂浆打底(9 mm 厚)、1∶2 的水泥砂浆面层(6 mm 厚)。

1.任务要求

(1)编制该项目工程量清单。

(2)编制该项目工程量清单计价表。

2.任务分析与实施

1)编制该项目工程量清单

(1)确定清单项。

根据表 5-30 整体面层及找平层。

码 5-10 墙面抹灰

项目编码:墙面 011201001001、墙裙 011201001002。

项目名称:墙面一般抹灰。

工程内容:基层清理、砂浆制作、运输、底层抹灰、抹面层、抹装饰面、勾分格缝。

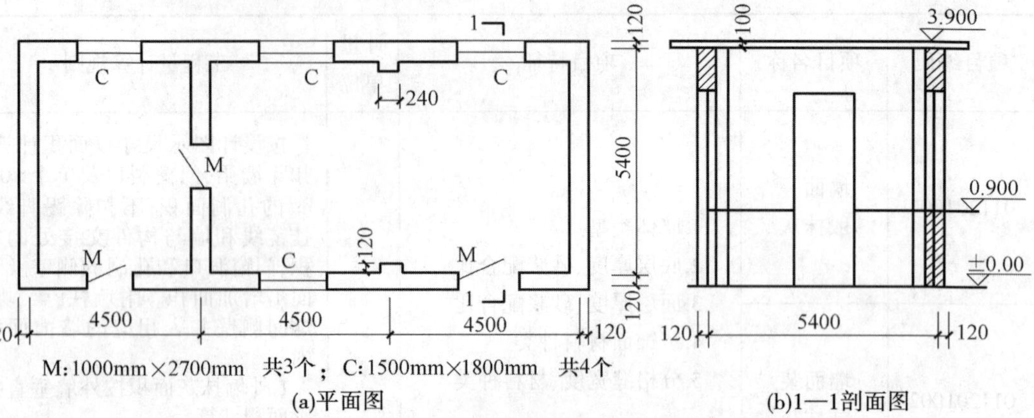

图 5-6 某框架结构工程的平面图及剖面图

(2)清单工程量计算。

根据确定的清单工程量计算规则，以平方米计量，按设计图示尺寸以面积计算。

工程数量：

内墙面 ＝[(4.50×3－0.24×2＋0.12×2)×2＋(5.40－0.24)×4]×(3.90－0.10－0.90)－1.00×(2.70－0.90)×4－1.50×1.80×4＝118.76(m^2)

内墙裙＝[(4.50×3－0.24×2＋0.12×2)×2＋(5.40－0.24)×4－1.00×4]×0.90＝38.84(m^2)

(3)编制分部分项工程量清单。

将上述结果及相关内容填入“分部分项工程及单价措施项目清单与计价表”，如表 5-31 所示。

表 5-31 分部分项工程及单价措施项目清单与计价表

工程名称：某装饰工程　　　　第 1 页 共 1 页

序号	项目编码	项目名称	项目特征	计量单位	工程数量	金额(元)		
						综合单价	合价	其中：暂估价
1	011201001001	墙面一般抹灰	1.墙体类型：内墙 2.底层厚 20 mm、砂浆配合比 1∶2 3.面层：麻刀石灰浆	m^2	118.76			
2	011201001002	墙面装饰抹灰	1.墙体类型：内墙裙 2.底层厚 9 mm、砂浆配合比 1∶3 3.面层厚 6 mm、砂浆配合比 1∶2	m^2	5.65			

2）编制该项目工程量清单计价表

（1）选择定额：

①内墙面抹灰的工程量＝[（4.50×3−0.24×2+0.12×2）×2+（5.40−0.24）×4]×（3.90−0.10−0.90）−1.00×（2.70−0.90）×4−1.50×1.80×4＝118.76（m^2）。

麻刀灰（7 mm+7 mm+3 mm 厚），套用定额 12−1−1 子目。

找平层 1∶1∶6 水泥石灰膏砂浆每增 1 mm 厚，套用定额 12−1−15 子目。

②内墙裙的工程量＝[（4.50×3−0.24×2+0.12×2）×2+（5.40−0.24）×4−1.00×4]×0.9＝38.84（m^2）。

混凝土墙裙抹 9 mm+6 mm 厚水泥砂浆，套用定额 12−1−4 子目。

（2）依据《山东省建筑工程消耗量定额》（SD 01—31—2016）（省价目表 2017）组价，综合单价计算分析如表 5-32 所示。

表 5-32　分部分项工程量清单综合单价分析表

工程名称：某装饰工程　　　　第 1 页　共 2 页

项目编码	011201001001		项目名称		墙面一般抹灰			计量单位		m^2	
清单综合单价组成明细											
定额编号	定额名称	定额单位	数量	单价				合价			
				人工费	材料费	机械费	管理费和利润	人工费	材料费	机械费	管理费和利润
12−1−1	麻刀灰（厚 7 mm+7 mm+3 mm）墙面	10 m^2	1.0	120.51	56.36	3.94	59.65	12.05	5.64	0.39	5.97
12−1−15	水泥石灰膏砂浆抹灰层每增减 1 mm	10 m^2	3.0	4.12	3.08	0.32	2.04	1.24	0.92	0.10	0.61
人工单价		小计						13.29	6.56	0.49	6.58
综合工日 103 元/工日		未计价材料费									
清单项目综合单价								26.92			
材料费明细	主要材料名称、规格、型号					单位	数量	单价（元）	合价（元）	暂估单价（元）	暂估合价（元）
	（略）										
	其他材料费							—		—	
	材料费小计							—	6.56	—	0

续表 5-32

工程名称：某装饰工程　　　　（第 2 页　共 2 页）

项目编码	011201001002			项目名称		墙面装饰抹灰			计量单位		m^2
清单综合单价组成明细											
定额编号	定额名称	定额单位	数量	单价				合价			
				人工费	材料费	机械费	管理费和利润	人工费	材料费	机械费	管理费和利润
12-1-4	水泥砂浆	10 m^2	1.0	141.11	55.64	3.47	59.85	14.11	5.56	0.35	5.99
人工单价		小计						14.11	5.56	0.35	5.99
综合工日 103 元/工日		未计价材料费									
清单项目综合单价								26.01			
材料费明细	主要材料名称、规格、型号				单位	数量		单价（元）	合价（元）	暂估单价（元）	暂估合价（元）
	（略）										
	其他材料费							—		—	
	材料费小计							—	5.56	—	0

3）计算合价

将计算得到的综合单价填入对应“分部分项工程及单价措施项目清单与计价表”中，并计算得到合价，见表 5-33。

表 5-33　分部分项工程及单价措施项目清单与计价表

工程名称：某装饰工程　　　　第 1 页　共 1 页

序号	项目编码	项目名称	项目特征	计量单位	工程数量	金额（元）		
						综合单价	合价	其中：暂估价
1	011201001001	墙面一般抹灰	1.墙体类型：内墙 2.底层厚 20 mm、砂浆配合比 1∶2 3.面层：麻刀石灰浆	m^2	118.76	26.92	3 197.02	
2	011201001002	墙面装饰抹灰	1.墙体类型：内墙裙 2.底层厚 9 mm、砂浆配合比 1∶3 3.面层厚 6 mm、砂浆配合比 1∶2	m^2	5.65	26.01	146.96	

二、柱(梁)面抹灰(编码:011202)

《房屋建筑与装饰工程工程量计算规范》(GB 50854—2013)附录 M 中的柱(梁)面抹灰包括柱(梁)面一般抹灰、柱(梁)面装饰抹灰、柱(梁)面砂浆找平和柱面勾缝共 4 个清单项目。各清单项目设置的具体内容见表 5-34。

表 5-34　柱(梁)面抹灰(编码:011202)

项目编码	项目名称	项目特征	计量单位	工程量计算规则
011202001	柱(梁)面一般抹灰	1.柱(梁)体类型 2.底层厚度、砂浆配合比 3.面层厚度、砂浆配合比 4.装饰面材料种类 5.分格缝宽度、材料种类	m^2	1.柱面抹灰:按设计图示柱断面周长乘高度以面积计算 2.梁面抹灰:按设计图示梁断面周长乘高度以面积计算
011202002	柱(梁)面装饰抹灰			
011202003	柱(梁)面砂浆找平层	1.柱(梁)体类型 2.找平的砂浆厚度、配合比		
011202004	柱面勾缝	1.勾缝类型 2.勾缝材料种类		按设计图示柱断面周长乘高度以面积计算

注:1.砂浆找平项目适用于仅做找平层的柱(梁)面抹灰。

2.柱(梁)面抹石灰砂浆、水泥砂浆、混合砂浆、聚合物水泥砂浆、麻刀石灰浆、石膏灰浆等按本表中墙面一般抹灰列项;柱(梁)面水刷石、斩假石、干黏石、假面砖等按本表中柱(梁)面装饰抹灰项目列项。

三、零星抹灰(编码:011203)

《房屋建筑与装饰工程工程量计算规范》(GB 50854—2013)附录 M 中的零星抹灰包括零星项目一般抹灰、零星项目装饰抹灰、零星项目砂浆找平共 3 个清单项目。各清单项目设置的具体内容见表 5-35。零星抹灰的定额说明和工程量计算规则见码 5-11。

表 5-35　零星抹灰(编码:011203)

项目编码	项目名称	项目特征	计量单位	工程量计算规则
011203001	零星项目一般抹灰	1.基层类型、部位 2.底层厚度、砂浆配合比 3.面层厚度、砂浆配合比 4.装饰面材料种类 5.分格缝宽度、材料种类	m^2	按设计图示尺寸以面积计算
011203002	零星项目装饰抹灰			
011203003	零星项目砂浆找平	1.基层类型、部位 2.找平的砂浆厚度、配合比		

注:1.零星项目抹石灰砂浆、水泥砂浆、混合砂浆、聚合物水泥砂浆、麻刀石灰浆、石膏灰浆等按本表中零星项目一般抹灰编码列项;水刷石、斩假石、干黏石、假面砖等按本表中零星项目装饰抹灰项目列项。

2.墙、柱(梁)面≤0.5 m^2的少量分散的抹灰按本表中零星抹灰项目编码列项。

【实战演练 5-9】 某框架结构工程如图 5-7 所示，M：1 000 mm×2 500 mm，C：1 200 mm×1 500 mm。外墙面与挑檐均为水泥抹灰砂浆勾缝假面砖。厚度与配合比均与定额相同。

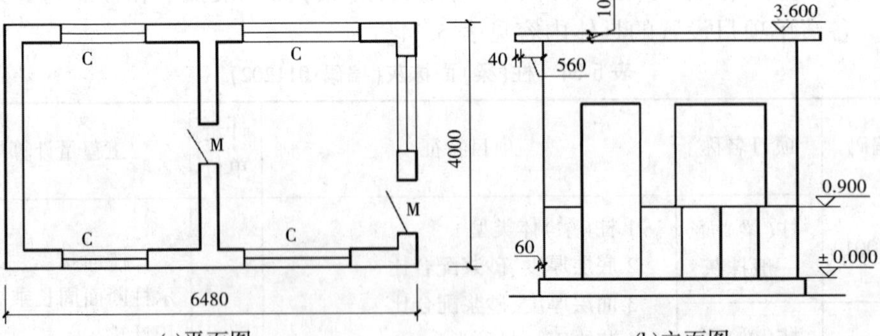

(a)平面图 (b)立面图

图 5-7 某框架结构工程的平面图及立面图

1.任务要求

(1)编制该项目挑檐工程量清单。

(2)编制该项目挑檐工程量清单计价表。

2.任务分析与实施

1)编制该项目工程量清单

(1)确定清单项。

根据表 5-35 零星抹灰。

项目编码：011203002001。

项目名称：零星项目装饰抹灰。

工程内容：基层清理、砂浆制作、运输、底层抹灰、抹面层、抹装饰面、勾分格缝。

码 5-11 零星抹灰

(2)清单工程量计算。

根据确定的清单工程量计算规则，以平方米计量，按设计图示尺寸以面积计算。

工程数量 $=[(6.48+4.00)\times2+0.60\times8]\times(0.10+0.04)-4\times0.04\times0.04=3.60(m^2)$

(3)编制分部分项工程量清单。

将上述结果及相关内容填入"分部分项工程及单价措施项目清单与计价表"，如表 5-36 所示。

2)编制该项目工程量清单计价表

(1)水泥抹灰砂浆勾缝假面砖工程量 $=[(6.48+4.00)\times2+0.60\times8]\times(0.10+0.04)-4\times0.04\times0.04=3.60(m^2)$。

套用定额 12-1-18 子目。

(2)依据《山东省建筑工程消耗量定额》(SD 01—31—2016)(省价目表 2017)组价，综合单价计算分析如表 5-37 所示。

表 5-36　分部分项工程及单价措施项目清单与计价表

工程名称：某装饰工程　　　　　　　　　　　　　　　　　　　　　第 1 页　共 1 页

序号	项目编码	项目名称	项目特征	计量单位	工程数量	金额（元）		
						综合单价	合价	其中：暂估价
1	011203002001	零星项目装饰抹灰	1.部位：挑檐 2.底层厚 9 mm、水泥抹灰砂浆配合比 1：3 3.面层厚 6 mm、配合比 1：2 水泥抹灰砂浆 4.装饰面：水泥抹灰砂浆勾缝假面砖	m^2	3.60			

表 5-37　分部分项工程量清单综合单价分析表

工程名称：某装饰工程　　　　　　　　　　　　　　　　　　　　　第 1 页　共 1 页

项目编码	011203002001		项目名称	零星项目装饰抹灰				计量单位			m^2
清单综合单价组成明细											
定额编号	定额名称	定额单位	数量	单价				合价			
				人工费	材料费	机械费	管理费和利润	人工费	材料费	机械费	管理费和利润
12-1-18	砖墙勾缝	10 m^2	1.0	81.37	3.63	0.16	40.28	8.14	0.36	0.02	4.03
人工单价		小计						8.14	0.36	0.02	4.03
综合工日 103 元/工日		未计价材料费									
清单项目综合单价								12.55			
材料费明细	主要材料名称、规格、型号				单位	数量		单价（元）	合价（元）	暂估单价（元）	暂估合价（元）
	（略）										
	其他材料费							—		—	
	材料费小计							—	0.36	—	0

3）计算合价

将计算得到的综合单价填入对应"分部分项工程及单价措施项目清单与计价表"中，并计算得到合价，见表 5-38。

表 5-38 分部分项工程及单价措施项目清单与计价表

工程名称:某装饰工程 第 1 页 共 1 页

序号	项目编码	项目名称	项目特征	计量单位	工程数量	金额(元)		
						综合单价	合价	其中:暂估价
1	011203002001	零星项目装饰抹灰	1.部位:挑檐 2.底层厚 9 mm、水泥抹灰砂浆配合比 1∶3 3.面层厚 6 mm、配合比 1∶2 水泥抹灰砂浆 4.装饰面:水泥抹灰砂浆勾缝假面砖	m^2	3.60	12.55	45.18	

四、墙面块料面层(编码:011204)

《房屋建筑与装饰工程工程量计算规范》(GB 50854—2013)附录 M 中的墙面块料面层包括石材墙面、拼碎石材墙面、块料墙面和干挂石材钢骨架共 4 个清单项目。各清单项目设置的具体内容见表 5-39。墙面块料面层的定额说明和工程量计算规则见码 5-12。

表 5-39 墙面块料面层(编码:011204)

项目编码	项目名称	项目特征	计量单位	工程量计算规则
011204001	石材墙面	1.墙体类型 2.安装方式 3.面层材料品种、规格、颜色 4.缝宽、嵌缝材料种类 5.防护材料种类 6.磨光、酸洗、打蜡要求	m^2	按镶贴表面积计算
011204002	拼碎石材墙面			
011204003	块料墙面			
011204004	干挂石材钢骨架	1.骨架种类、规格 2.防锈漆品种遍数	t	按设计图示尺寸以质量计算

注:1.在描述碎块项目的面层材料特征时可不用描述规格、颜色。

2.石材、块料与黏结材料的结合面刷防渗材料的种类在防护层材料种类中描述。

3.安装方式可描述为砂浆或黏结剂粘贴、挂贴、干挂等,不论哪种安装方式,都要详细描述与组价相关的内容。

【实战演练 5-10】 某变电室,外墙面尺寸如图 5-8 所示,M:1 500 mm×2 000 mm;C1:1 500 mm×1 500 mm;C2:1 200 mm×800 mm;门窗侧面宽度 100 mm,外墙水泥砂浆粘贴规格为 194 mm×94 mm 瓷质外墙砖,灰缝 5 mm。

1.任务要求

(1)编制该项目工程量清单。

(2)编制该项目工程量清单计价表。

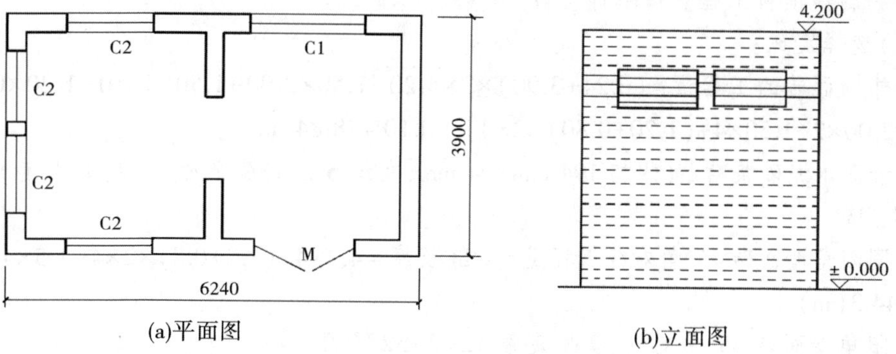

图 5-8　变电室外墙平面图及立面图

2.任务分析与实施

1)编制该项目工程量清单

(1)确定清单项。

根据表 5-39 墙面块料面层列项。

项目编码:011204003001。

项目名称:块料墙面。

工程内容:基层清理、砂浆制作、运输、黏结层铺贴、面层安装、嵌缝、刷防护材料、磨光、酸洗、打蜡。

码 5-12　墙面块料面层

(2)清单工程量计算。

根据确定的清单工程量计算规则,按镶贴表面积以平方米计算。

工程数量=(6.24+3.90)×2×4.20−1.50×2.00−1.50×1.50−1.20×0.80×4+[1.50+2.00×2+1.50×4+(1.20+0.80)×2×4]×0.10=78.84(m^2)

(3)编制分部分项工程量清单。

将上述结果及相关内容填入“分部分项工程及单价措施项目清单与计价表”,如表 5-40 所示。

表 5-40　分部分项工程及单价措施项目清单与计价表

工程名称:某装饰工程　　　　第 1 页　共 1 页

序号	项目编码	项目名称	项目特征	计量单位	工程数量	金额(元)		
						综合单价	合价	其中:暂估价
1	011204003001	块料墙面	1.墙体类型:外墙 2.安装方式:水泥砂浆粘贴 3.面层材料:瓷质外墙砖,规格 194 mm×94 mm 4.缝宽:5 mm	m^2	78.84			

2)编制该项目工程量清单计价表

(1)选择定额:

①外墙面砖的工程量=(6.24+3.90)×2×4.20−1.50×2.00−1.50×1.50−1.20×0.80×4+[1.50+2.00×2+1.50×4+(1.20+0.80)×2×4]×0.10=78.84(m^2)。

外墙面水泥砂浆粘贴(规格 194 mm×94 mm,灰缝 5 mm)瓷质外墙砖,套用定额 12-2-39 子目。

②阴阳角墙面砖 45°角对缝工程量=对缝长度=4.2×4+(1.2+0.8)×2×4+1.5×4+(2×2+1.5)=44.3(m)。

阴阳角墙面砖 45°角对缝,套用定额 12-2-52 子目

(2)依据《山东省建筑工程消耗量定额》(SD 01—31—2016)(省价目表 2017)组价,综合单价计算分析如表 5-41 所示。

表 5-41　分部分项工程量清单综合单价分析表

工程名称:某装饰工程　　　　(第 1 页　共 1 页)

<table>
<tr><td>项目编码</td><td colspan="2">011204003001</td><td colspan="2">项目名称</td><td colspan="3">块料墙面</td><td colspan="2">计量单位</td><td colspan="2">m²</td></tr>
<tr><td colspan="12">清单综合单价组成明细</td></tr>
<tr><td rowspan="2">定额编号</td><td rowspan="2">定额名称</td><td rowspan="2">定额单位</td><td rowspan="2">数量</td><td colspan="4">单价</td><td colspan="4">合价</td></tr>
<tr><td>人工费</td><td>材料费</td><td>机械费</td><td>管理费和利润</td><td>人工费</td><td>材料费</td><td>机械费</td><td>管理费和利润</td></tr>
<tr><td>12-2-39</td><td>水泥砂浆粘贴 194 mm×94,灰缝宽度≤5 mm</td><td>10 m²</td><td>1.0</td><td>543.84</td><td>493.53</td><td>10.12</td><td>269.20</td><td>54.38</td><td>49.35</td><td>1.01</td><td>26.92</td></tr>
<tr><td>12-2-52</td><td>墙面砖 45°角对缝</td><td>10 m</td><td>0.56</td><td>134.93</td><td>10.11</td><td>7.70</td><td>66.79</td><td>7.55</td><td>0.57</td><td>0.43</td><td>3.74</td></tr>
<tr><td colspan="2">人工单价</td><td colspan="6">小计</td><td>61.93</td><td>49.92</td><td>1.44</td><td>30.66</td></tr>
<tr><td colspan="2">综合工日 103 元/工日</td><td colspan="6">未计价材料费</td><td colspan="4"></td></tr>
<tr><td colspan="8">清单项目综合单价</td><td colspan="4">143.95</td></tr>
<tr><td rowspan="4">材料费明细</td><td colspan="4">主要材料名称、规格、型号</td><td>单位</td><td>数量</td><td></td><td>单价(元)</td><td>合价(元)</td><td>暂估单价(元)</td><td>暂估合价(元)</td></tr>
<tr><td colspan="4">(略)</td><td></td><td></td><td></td><td></td><td></td><td></td><td></td></tr>
<tr><td colspan="7">其他材料费</td><td>—</td><td></td><td>—</td><td></td></tr>
<tr><td colspan="7">材料费小计</td><td>—</td><td>49.92</td><td>—</td><td>0</td></tr>
</table>

3)计算合价

将计算得到的综合单价填入对应“分部分项工程及单价措施项目清单与计价表”中,并计算得到合价,见表 5-42。

表 5-42　分部分项工程及单价措施项目清单与计价表

工程名称:某装饰工程　　　　　　　　　　　　　　　　　　　　　　　　第 1 页　共 1 页

序号	项目编码	项目名称	项目特征	计量单位	工程数量	金额(元)		
						综合单价	合价	其中:暂估价
1	011204003001	块料墙面	1.墙体类型:外墙 2.安装方式:水泥砂浆粘贴 3.面层材料:瓷质外墙砖,规格 194 mm×94 mm 4.缝宽:5 mm	m^2	78.84	143.95	11 349.02	

五、柱(梁)面镶贴块料(编码:011205)

《房屋建筑与装饰工程工程量计算规范》(GB 50854—2013)附录 M 中的柱(梁)面镶贴块料包括石材柱面、块料柱面、拼碎块柱面、石材梁面和块料梁面共 5 个清单项目。各清单项目设置的具体内容见表 5-43。柱(梁)面镶贴块料的定额说明和工程量计算规则见码 5-13。

表 5-43　柱(梁)面镶贴块料(编码:011205)

项目编码	项目名称	项目特征	计量单位	工程量计算规则
011205001	石材柱面	1.柱截面类型、尺寸 2.安装方式 3.面层材料品种、规格、颜色 4.缝宽、嵌缝材料种类 5.防护材料种类 6.磨光、酸洗、打蜡要求	m^2	按镶贴表面积计算
011205002	块料柱面			
011205003	拼碎块柱面			
011205004	石材梁面	1.安装方式 2.面层材料品种、规格、颜色 3.缝宽、嵌缝材料种类 4.防护材料种类 5.磨光、酸洗、打蜡要求		
011205005	块料梁面			

注:1.在描述碎块项目的面层材料特征时可不用描述规格、颜色。

2.石材、块料与黏结材料的结合面刷防渗材料的种类在防护层材料种类中描述。

3.柱(梁)面干挂石材的钢骨架按表 5-39 相应项目编码列项。

【实战演练 5-11】 某单位大门砖柱 4 根,砖柱块料外转尺寸如图 5-9 所示,柱体做法为水泥砂浆挂贴花岗岩板。

1.任务要求

(1)编制该项目柱体工程量清单。

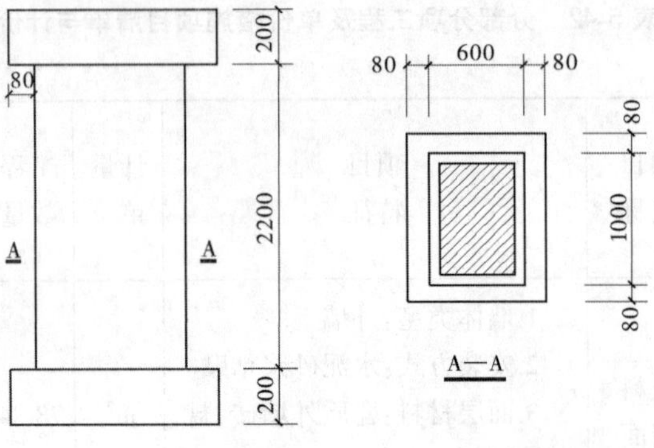

图 5-9 砖柱立面图

(2)编制该项目柱体工程量清单计价表。

2.任务分析与实施

1)编制该项目工程量清单

(1)确定清单项。

根据表 5-43 柱(梁)面镶贴块料列项。

项目编码:011205001001。

项目名称:石材柱面。

工程内容:基层清理、砂浆制作、运输、黏结层铺贴、面层安装、嵌缝、刷防护材料、磨光、酸洗、打蜡。

码 5-13 柱(梁)面镶贴块料

(2)清单工程量计算。

根据确定的清单工程量计算规则,按镶贴表面积以平方米计算。

工程数量=$(0.60+1.00)\times2\times2.20\times4=28.16(m^2)$。

(3)编制分部分项工程量清单。

将上述结果及相关内容填入"分部分项工程及单价措施项目清单与计价表",如表 5-44 所示。

表 5-44 分部分项工程及单价措施项目清单与计价表

工程名称:某装饰工程 第 1 页 共 1 页

序号	项目编码	项目名称	项目特征	计量单位	工程数量	金额(元)		
						综合单价	合价	其中:暂估价
1	011205001001	石材柱面	1.柱截面尺寸:600 mm×1 000 mm 2.安装方式:水泥砂浆挂贴 3.面层材料:花岗岩板	m^2	28.16			

2）编制该项目工程量清单计价表

（1）柱面水泥砂浆挂贴花岗岩板的工程量＝（0.60＋1.00）×2×2.2×4＝28.16（m^2）。

柱面水泥砂浆挂贴石材块料，套用定额 12－2－2 子目。

（2）依据《山东省建筑工程消耗量定额》（SD 01—31—2016）（省价目表 2017）组价，综合单价分析如表 5-45 所示。

表 5-45　分部分项工程量清单综合单价分析表

工程名称：某装饰工程　　　　　　　　　　　　　　　　　　第 1 页　共 1 页

项目编码	011205001001			项目名称		石材柱面			计量单位		m^2
清单综合单价组成明细											
定额编号	定额名称	定额单位	数量	单价				合价			
				人工费	材料费	机械费	管理费和利润	人工费	材料费	机械费	管理费和利润
12－2－2	挂贴石材块料（灌缝砂浆 50 mm 厚）柱面	10 m^2	1.0	715.85	2 181.90	38.76	354.35	71.59	218.19	3.88	35.44
人工单价		小计						71.59	218.19	3.88	35.44
综合工日 103 元/工日		未计价材料费									
清单项目综合单价								329.10			
材料费明细	主要材料名称、规格、型号					单位	数量	单价（元）	合价（元）	暂估单价（元）	暂估合价（元）
	（略）										
	其他材料费							—		—	
	材料费小计							—	218.19	—	0

3）计算合价

将计算得到的综合单价填入对应“分部分项工程及单价措施项目清单与计价表”中，并计算得到合价，见表 5-46。

六、镶贴零星块料（编码：011206）

《房屋建筑与装饰工程工程量计算规范》（GB 50854—2013）附录 M 中的镶贴零星块料包括石材零星项目、块料零星项目、拼碎块零星项目共 3 个清单项目。各清单项目设置的具体内容见表 5-47。镶贴零星块料的定额说明和工程量计算规则见码 5-14。

表 5-46　分部分项工程及单价措施项目清单与计价表

工程名称:某装饰工程　　　　　　　　　　　　　　　　　　　　　第 1 页　共 1 页

序号	项目编码	项目名称	项目特征	计量单位	工程数量	金额(元)		
						综合单价	合价	其中:暂估价
1	011205001001	石材柱面	1.柱截面尺寸:600 mm×1 000 mm 2.安装方式:水泥砂浆挂贴 3.面层材料:花岗岩板	m^2	28.16	329.10	9 267.46	

表 5-47　镶贴零星块料(编码:011206)

项目编码	项目名称	项目特征	计量单位	工程量计算规则
011206001	石材零星项目	1.基层类型、部位 2.安装方式 3.面层材料品种、规格、颜色 4.缝宽、嵌缝材料种类 5.防护材料种类 6.磨光、酸洗、打蜡要求	m^2	按镶贴表面积计算
011206002	块料零星项目			
011206003	拼碎块零星项目			

注:1.在描述碎块项目的面层材料特征时可不用描述规格、颜色。

2.石材、块料与黏结材料的结合面刷防渗材料的种类在防护层材料种类中描述。

3.柱(梁)面干挂石材的钢骨架按表 5-39 相应项目编码列项。

4.墙、柱面≤0.5 m^2的少量分散的镶贴块料面层按本表中零星项目执行。

【实战演练 5-12】　已知条件同实战演练 5-11,压顶和柱脚做法为水泥砂浆粘贴花岗岩板。

1.任务要求

(1)编制该项目压顶、柱脚工程量清单。

(2)编制该项目压顶、柱脚清单计价表。

2.任务分析与实施

1)编制该项目工程量清单

(1)确定清单项。

根据表 5-47 镶贴零星块料列项。

码 5-14　镶贴零星块料

项目编码:011206001001。

项目名称:石材零星项目。

工程内容:基层清理、砂浆制作、运输、面层安装、嵌缝、刷防护材料、磨光、酸洗、打蜡。

(2)清单工程量计算。

根据确定的清单工程量计算规则,按镶贴表面积以平方米计算。

工程数量=[(0.76+1.16)×2×0.2+(0.68+1.08)×2×0.08]×2×4=8.40(m^2)。

(3)编制分部分项工程量清单。

将上述结果及相关内容填入"分部分项工程及单价措施项目清单与计价表",如表5-48所示。

表5-48　分部分项工程及单价措施项目清单与计价表

工程名称:某装饰工程　　　　第1页　共1页

序号	项目编码	项目名称	项目特征	计量单位	工程数量	金额(元)		
						综合单价	合价	其中:暂估价
1	011206001001	石材零星项目	1.部位:压顶和柱脚 2.安装方式:水泥砂浆粘贴 3.面层材料:花岗岩板	m^2	8.40			

2)编制该项目工程量清单计价表

(1)压顶及柱脚的工程量=[(0.76+1.16)×2×0.2+(0.68+1.08)×2×0.08]×2×4=8.40(m^2)。

压顶及柱脚水泥砂浆贴花岗岩板,套用石材零星项目定额12-2-4子目 。

(2)依据《山东省建筑工程消耗量定额》(SD 01—31—2016)(省价目表2017)组价,综合单价计算分析如表5-49所示。

表5-49　分部分项工程量清单综合单价分析表

工程名称:某装饰工程　　　　第1页　共1页

项目编码	011206001001	项目名称	石材零星项目	计量单位	m^2

清单综合单价组成明细

定额编号	定额名称	定额单位	数量	单价				合价			
				人工费	材料费	机械费	管理费和利润	人工费	材料费	机械费	管理费和利润
12-2-4	粘贴石材块料水泥砂浆零星项目	10 m^2	1.0	457.32	2 273.99	30.59	226.37	45.73	227.40	3.06	22.64
人工单价		小计						45.73	227.40	3.06	22.64
综合工日103元/工日		未计价材料费									
清单项目综合单价								298.83			

续表 5-49

	主要材料名称、规格、型号	单位	数量	单价（元）	合价（元）	暂估单价（元）	暂估合价（元）
材料费明细	（略）						
	其他材料费			—		—	
	材料费小计			—	227.40	—	0

3）计算合价

将计算得到的综合单价填入对应“分部分项工程及单价措施项目清单与计价表”中，并计算得到合价，见表 5-50。

表 5-50　分部分项工程及单价措施项目清单与计价表

工程名称：某装饰工程　　　　第 1 页　共 1 页

序号	项目编码	项目名称	项目特征	计量单位	工程数量	金额（元）		
						综合单价	合价	其中：暂估价
1	011206001001	石材零星项目	1.部位：压顶和柱脚 2.安装方式：水泥砂浆粘贴 3.面层材料：花岗岩板	m^2	8.40	298.83	2 510.17	

七、墙饰面（编码：011207）

《房屋建筑与装饰工程工程量计算规范》（GB 50854—2013）附录 M 中的墙饰面包括墙面装饰板、墙面装饰浮雕 2 个清单项目。各清单项目设置的具体内容见表 5-51。墙饰面的定额说明和工程量计算规则见码 5-15。

【实战演练 5-13】　如图 5-10 所示，间壁墙采用轻钢龙骨双面镶嵌石膏板，门口尺寸为 900 mm×2 000 mm，柱面水泥砂浆粘贴 6 mm 车边镜面玻璃，装饰断面为 400 mm×400 mm。

1.任务要求

（1）编制该项目间壁墙工程量清单。

（2）编制该项目间壁墙工程量清单计价表。

表 5-51　墙饰面(编码:011207)

项目编码	项目名称	项目特征	计量单位	工程量计算规则
011207001	墙面装饰板	1.龙骨材料种类、规格、中距 2.隔离层材料种类、规格 3.基层材料种类、规格 4.面层材料品种、规格、颜色 5.压条材料种类、规格	m^2	按设计图示墙净长乘净高以面积计算。扣除门窗洞口及单个>0.3 m^2的孔洞所占面积
011207002	墙面装饰浮雕	1.基层类型 2.浮雕材料种类 3.浮雕样式		按设计图示尺寸以面积计算

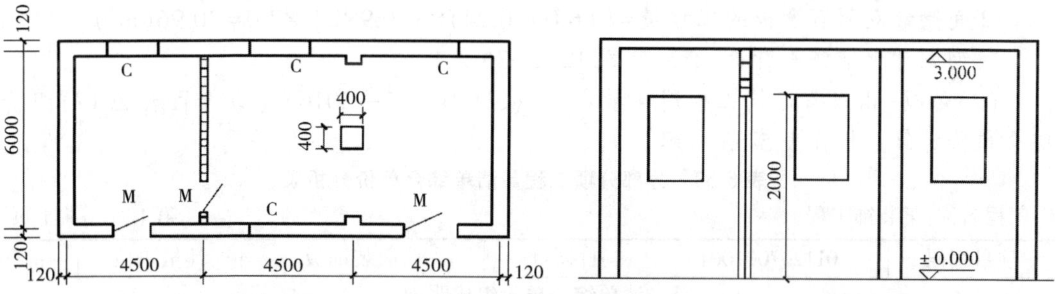

(a)平面图　　(b)剖面图

图 5-10　某间壁墙的平面图及剖面图

2.任务分析与实施

1)编制该项目工程量清单

(1)确定清单项。

根据表 5-51 墙饰面列项。

项目编码:011207001001。

项目名称:墙面装饰板。

工程内容:基层清理、龙骨制作、运输、安装、钉隔离层、基层铺钉、面层铺贴。

码 5-15　墙饰面

(2)清单工程量计算。

根据确定的清单工程量计算规则,按设计图示墙净长乘净高以面积计算。

工程数量$=(6.00-0.24)\times3-0.9\times2=15.48(m^2)$。

(3)编制分部分项工程量清单。

将上述结果及相关内容填入"分部分项工程及单价措施项目清单与计价表",如表 5-52 所示。

表 5-52　分部分项工程及单价措施项目清单与计价表

工程名称:某装饰工程　　　　　　　　　　　　　　　　　　　　第 1 页　共 1 页

序号	项目编码	项目名称	项目特征	计量单位	工程数量	金额(元)		
						综合单价	合价	其中:暂估价
1	011207001001	墙面装饰板	1.龙骨材料:轻钢龙骨 2.基层材料:石膏板	m^2	15.48			

2)编制该项目工程量清单计价表

(1)选择定额:

①间壁墙龙骨的工程量=[(6.00−0.24)×3−0.9×2]×1.15=17.80(m^2)。

间壁墙采用轻钢龙骨安装,套用定额 12−3−28 子目。

②间壁墙双面石膏板的工程量=[(6.00−0.24)×3−0.9×2]×2.0=30.96(m^2)。

轻钢龙骨上铺钉石膏板,套用定额 12−3−36 子目。

(2)依据《山东省建筑工程消耗量定额》(SD 01—31—2016)(省价目表 2017)组价,综合单价计算分析如表 5-53 所示。

表 5-53　分部分项工程量清单综合单价分析表

工程名称:某装饰工程　　　　　　　　　　　　　　　　　　　　第 1 页　共 1 页

<table>
<tr><td>项目编码</td><td colspan="2">011207001001</td><td colspan="2">项目名称</td><td colspan="3">墙面装饰板</td><td colspan="3">计量单位</td><td>m²</td></tr>
<tr><td colspan="12">清单综合单价组成明细</td></tr>
<tr><td rowspan="2">定额编号</td><td rowspan="2">定额名称</td><td rowspan="2">定额单位</td><td rowspan="2">数量</td><td colspan="4">单价</td><td colspan="4">合价</td></tr>
<tr><td>人工费</td><td>材料费</td><td>机械费</td><td>管理费和利润</td><td>人工费</td><td>材料费</td><td>机械费</td><td>管理费和利润</td></tr>
<tr><td>12−3−28</td><td>轻钢龙骨</td><td rowspan="2">10 m²</td><td>1.15</td><td>66.95</td><td>256.96</td><td>3.61</td><td>33.14</td><td>7.70</td><td>29.55</td><td>0.42</td><td>3.81</td></tr>
<tr><td>12−3−36</td><td>轻钢龙骨上铺钉石膏板</td><td>2.0</td><td>126.69</td><td>99.81</td><td>0</td><td>62.71</td><td>25.34</td><td>19.96</td><td>0</td><td>12.54</td></tr>
<tr><td colspan="2">人工单价</td><td colspan="6">小计</td><td>33.04</td><td>49.51</td><td>0.42</td><td>16.35</td></tr>
<tr><td colspan="2">综合工日 103 元/工日</td><td colspan="6">未计价材料费</td><td colspan="4"></td></tr>
<tr><td colspan="8">清单项目综合单价</td><td colspan="4">99.32</td></tr>
<tr><td rowspan="4">材料费明细</td><td colspan="5">主要材料名称、规格、型号</td><td>单位</td><td>数量</td><td>单价(元)</td><td>合价(元)</td><td>暂估单价(元)</td><td>暂估合价(元)</td></tr>
<tr><td colspan="5">(略)</td><td></td><td></td><td></td><td></td><td></td><td></td></tr>
<tr><td colspan="7">其他材料费</td><td>—</td><td></td><td>—</td><td></td></tr>
<tr><td colspan="7">材料费小计</td><td>—</td><td>49.51</td><td>—</td><td>0</td></tr>
</table>

3)计算合价

将计算得到的综合单价填入对应“分部分项工程及单价措施项目清单与计价表”中,

并计算得到合价，见表 5-54。

表 5-54　分部分项工程及单价措施项目清单与计价表

工程名称：某装饰工程　　　　　　　　　　　　　　　　　　　　第 1 页　共 1 页

序号	项目编码	项目名称	项目特征	计量单位	工程数量	金额(元)		
						综合单价	合价	其中：暂估价
1	011207001001	墙面装饰板	1.龙骨材料：轻钢龙骨 2.基层材料：石膏板	m^2	15.48	99.32	1 537.47	

八、柱（梁）饰面（编码：011208）

《房屋建筑与装饰工程工程量计算规范》（GB 50854—2013）附录 M 中的柱（梁）饰面包括柱（梁）面装饰、成品装饰柱 2 个清单项目。各清单项目设置的具体内容见表 5-55。柱（梁）饰面的定额说明和工程量计算规则见码 5-16。

表 5-55　柱（梁）饰面（编码：011208）

项目编码	项目名称	项目特征	计量单位	工程量计算规则
011208001	柱（梁）面装饰	1.龙骨材料种类、规格、中距 2.隔离层材料种类 3.基层材料种类、规格 4.面层材料品种、规格、颜色 5.压条材料种类、规格	m^2	按设计图示饰面外围尺寸以面积计算。柱帽、柱墩并入相应柱饰面工程量内
011208002	成品装饰柱	1.柱截面、高度尺寸 2.柱材质	1.根 2.m	1.以根计量，按设计数量计算 2.以米计量，按设计长度计算

【实战演练 5-14】　木龙骨，九夹板基层，不锈钢柱面尺寸如图 5-11 所示，共 4 根，龙骨断面 30 mm×40 mm，间距 250 mm。

1.任务要求

(1)编制该项目工程量清单。

(2)编制该项目工程量清单计价表。

2.任务分析与实施

1)编制该项目工程量清单

(1)确定清单项。

根据表 5-55 柱（梁）饰面列项。

项目编码：011208001001。

项目名称：柱（梁）面装饰。

码 5-16　柱（梁）饰面

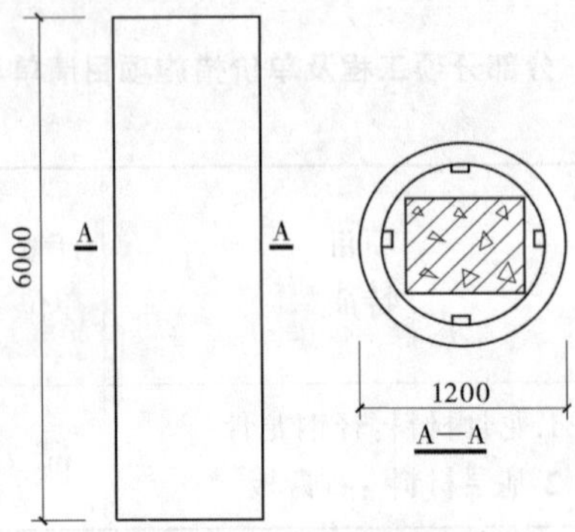

图 5-11　柱示意图

工程内容:基层清理、龙骨制作、运输、安装、钉隔离层、基层铺钉、面层铺贴。

(2)清单工程量计算。

根据确定的清单工程量计算规则,按设计图示饰面外围尺寸以面积计算。

工程数量 = 1.20×3.14×6.00×4 = 90.43(m^2)。

(3)编制分部分项工程量清单。

将上述结果及相关内容填入"分部分项工程及单价措施项目清单与计价表",如表 5-56 所示。

表 5-56　分部分项工程及单价措施项目清单与计价表

工程名称:某装饰工程　　　　第 1 页　共 1 页

序号	项目编码	项目名称	项目特征	计量单位	工程数量	金额(元)		
						综合单价	合价	其中:暂估价
1	011208001001	柱(梁)面装饰	1.龙骨材料:木龙骨、规格 30 mm×40 mm、间距 250 mm 2.基层材料:九夹板 3.面层材料:不锈钢柱面	m^2	90.43			

2)编制该项目工程量清单计价表

(1)选择定额:

①木龙骨现场制作安装的工程量 = 1.20×3.14×6.00×4×1.18 = 106. 71(m^2)。

设计木龙骨包圆柱,其相应定额项目乘系数 1.18。

龙骨断面 = 3×4 = 12(cm^2)。

龙骨断面 12 cm^2,间距 250 mm,套用定额 12−3−2 子目。

②木龙骨上钉基层板的工程量 = 1.20×3.14×6.00×4 = 90.43(m^2)。

木龙骨上九夹板基层,套用定额 12−3−33 子目。

圆弧形等不规则墙面的饰面,按相应项目人工乘以系数 1.15。

换算后定额基价＝423.41+78.28×0.15＝435.15(元/10 m^2)。

③圆柱不锈钢面的工程量＝1.20×3.14×6.00×4＝90.43(m^2)。

圆柱面包镜面不锈钢板,套用定额 12-3-55 子目。

(2)依据《山东省建筑工程消耗量定额》(SD 01—31—2016)(省价目表 2017)组价,综合单价计算分析如表 5-57 所示。

表 5-57　分部分项工程量清单综合单价分析表

工程名称:某装饰工程　　　　第 1 页　共 1 页

项目编码	011208001001			项目名称			柱(梁)面装饰		计量单位		m^2
清单综合单价组成明细											
定额编号	定额名称	定额单位	数量	单价				合价			
				人工费	材料费	机械费	管理费和利润	人工费	材料费	机械费	管理费和利润
12-3-2	木龙骨平均中距≤300 mm,断面≤13 cm^2	10 m^2	1.18	128.75	283.25	5.25	63.73	15.19	33.42	0.62	7.52
12-3-33(H)	木龙骨上铺钉九夹板	10 m^2	1.0	78.28	338.22	6.91	38.75	7.83	33.82	0.69	3.88
12-3-55	镜面不锈钢板 柱(梁)面	10 m^2	1.0	479.98	1 752.97	0	237.59	48.00	175.30	0	23.76
人工单价		小计						71.02	242.54	1.31	35.16
综合工日 103 元/工日		未计价材料费									
清单项目综合单价								350.03			
材料费明细	主要材料名称、规格、型号				单位	数量		单价(元)	合价(元)	暂估单价(元)	暂估合价(元)
	(略)										
	其他材料费							—		—	
	材料费小计							—	242.54	—	0

3)计算合价

将计算得到的综合单价填入对应"分部分项工程及单价措施项目清单与计价表"中，并计算得到合价，见表5-58。

表5-58 分部分项工程及单价措施项目清单与计价表

工程名称：某装饰工程　　　　第1页　共1页

序号	项目编码	项目名称	项目特征	计量单位	工程数量	金额(元)		
						综合单价	合价	其中：暂估价
1	011208001001	柱(梁)面装饰	1.龙骨材料：木龙骨、规格30 mm×40 mm、间距250 mm 2.基层材料：九夹板 3.面层材料：不锈钢柱面	m^2	90.43	350.03	31 653.21	

九、幕墙工程(编码：011209)

《房屋建筑与装饰工程工程量计算规范》(GB 50854—2013)附录M中的幕墙工程包括带骨架幕墙、全玻(无框玻璃)幕墙2个清单项目。各清单项目设置的具体内容见表5-59。

表5-59 幕墙(编码：011209)

项目编码	项目名称	项目特征	计量单位	工程量计算规则
011209001	带骨架幕墙	1.骨架材料种类、规格、中距 2.面层材料品种、规格、颜色 3.面层固定方式 4.隔离带、框边封闭材料品种、规格 5.嵌缝、塞口材料种类	m^2	按设计图示框外围尺寸以面积计算。与幕墙同种材质的窗所占面积不扣除
011209002	全玻(无框玻璃)幕墙	1.玻璃品种、规格、颜色 2.黏结塞口材料种类 3.固定方式		按设计图示尺寸以面积计算。带肋全玻幕墙按展开面积计算

注：幕墙钢骨架按表5-39干挂石材钢骨架编码列项。

十、隔断(编码:011210)

《房屋建筑与装饰工程工程量计算规范》(GB 50854—2013)附录M中的隔断包括木隔断、金属隔断、玻璃隔断、塑料隔断、成品隔断和其他隔断共6个清单项目。各清单项目设置的具体内容见表5-60。

表5-60　隔断(编码:011210)

项目编码	项目名称	项目特征	计量单位	工程量计算规则
011210001	木隔断	1.骨架、边框材料种类、规格 2.隔板材料品种、规格、颜色 3.嵌缝、塞口材料品种 4.压条材料种类	m^2	按设计图示框外围尺寸以面积计算。不扣除单个≤0.3 m^2的孔洞所占面积;浴厕门的材质与隔断相同时,门的面积并入隔断面积内
011210002	金属隔断	1.骨架、边框材料种类、规格 2.隔板材料品种、规格、颜色 3.嵌缝、塞口材料品种		
011210003	玻璃隔断	1.边框材料种类、规格 2.玻璃品种、规格、颜色 3.嵌缝、塞口材料品种		按设计图示框外围尺寸以面积计算。不扣除单个≤0.3 m^2的孔洞所占面积
011210004	塑料隔断	1.边框材料种类、规格 2.隔板材料品种、规格、颜色 3.嵌缝、塞口材料品种		
011210005	成品隔断	1.隔断材料品种、规格、颜色 2.配件品种、规格	1.m^2 2.间	1.以平方米计量,按设计图示框外围尺寸以面积计算 2.以间计量,按设计间的数量计算
011210006	其他隔断	1.骨架、边框材料种类、规格 2.隔板材料品种、规格、颜色 3.嵌缝、塞口材料品种	m^2	按设计图示框外围尺寸以面积计算。扣除单个≤0.3 m^2的孔洞所占面积

十一、其他说明

(1)飘窗突出外墙面增加的抹灰并入外墙工程量内,以外墙线作为分界线。

(2)"墙面装饰浮雕"项目,在使用《房屋建筑与装饰工程工程量计算规范》(GB

50854—2013)时,凡不属于仿古建筑工程的项目,可按表 M.8 编码列项。

(3)有关墙面装饰项目,不含立面防腐、防水、保温以及刷油漆的工作内容。防水按《房屋建筑与装饰工程工程量计算规范》(GB 50854—2013)附录 J 屋面及防水工程相应项目编码列项;保温按规范附录 K 保温、隔热、防腐工程相应项目编码列项;刷油漆按规范附录 P 油漆、涂料、裱糊工程相应项目编码列项。

任务三　天棚工程

天棚工程的定额说明、解释与工程量计算规则见码 5-17。

码 5-17　天棚工程

一、天棚抹灰(编码:011301)

《房屋建筑与装饰工程工程量计算规范》(GB 50854—2013)附录 N 中的天棚抹灰包括天棚抹灰 1 个清单项目。各清单项目设置的具体内容见表 5-61。天棚抹灰的定额说明和工程量计算规则见码 5-18。

表 5-61　天棚抹灰(编码:011301)

项目编码	项目名称	项目特征	计量单位	工程量计算规则
011301001	天棚抹灰	1.基层类型 2.抹灰厚度、材料种类 3.砂浆配合比	m^2	按设计图示尺寸以水平投影面积计算。不扣除间壁墙、垛、柱、附墙烟囱、检查口和管道所占的面积,带梁天棚的梁两侧抹灰面积并入天棚面积内,板式楼梯底面抹灰按斜面积计算,锯齿形楼梯底板抹灰按展开面积计算

【实战演练 5-15】 麻刀石灰浆面层井字梁天棚如图 5-12 所示。

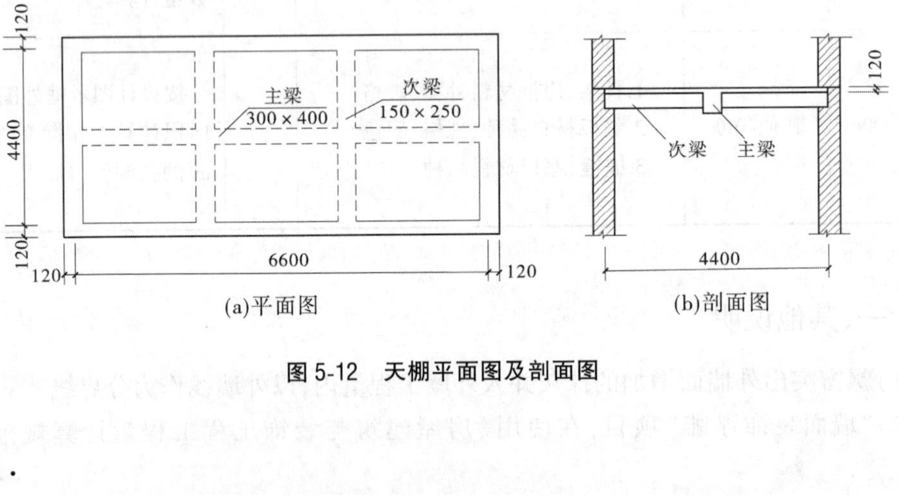

图 5-12　天棚平面图及剖面图

1.任务要求

(1)编制该项目工程量清单。

(2)编制该项目工程量清单计价表。

码 5-18　天棚抹灰

2.任务分析与实施

1)编制该项目工程量清单

(1)确定清单项。

根据表 5-61 天棚抹灰列项。

项目编码:011301001001。

项目名称:天棚抹灰。

工程内容:基层清理、底层抹灰、抹面层。

(2)清单工程量计算。

根据确定的清单工程量计算规则,按设计图示尺寸以水平投影面积计算。

工程数量=(6.60−0.24)×(4.40−0.24)+(0.40−0.12)×6.36×2+(0.25−0.12)×3.86×2×2−(0.25−0.12)×0.15×4=31.95(m^2)。

(3)编制分部分项工程量清单。

将上述结果及相关内容填入“分部分项工程及单价措施项目清单与计价表”,如表 5-62 所示。

表 5-62　分部分项工程及单价措施项目清单与计价表

工程名称:某装饰工程　　　　第 1 页　共 1 页

序号	项目编码	项目名称	项目特征	计量单位	工程数量	金额(元)		
						综合单价	合价	其中:暂估价
1	011301001001	天棚抹灰	1.抹灰厚度(6+3)mm、材料种类麻刀灰 2.砂浆:麻刀石灰浆	m^2	31.95			

2)编制该项目工程量清单计价表

(1)天棚抹灰工程量=(6.60−0.24)×(4.40−0.24)+(0.40−0.12)×6.36×2+(0.25−0.12)×3.86×2×2−(0.25−0.12)×0.15×4=31.95(m^2)。

现浇混凝土面天棚麻刀石灰浆面层,套用定额 13−1−1 子目。

(2)依据《山东省建筑工程消耗量定额》(SD 01−31−2016)(省价目表 2017)组价,综合单价计算分析如表 5-63 所示。

表 5-63　分部分项工程量清单综合单价分析表

工程名称：某装饰工程　　　　第 1 页　共 1 页

<table>
<tr><td>项目编码</td><td colspan="3">011301001001</td><td colspan="2">项目名称</td><td colspan="3">天棚抹灰</td><td colspan="2">计量单位</td><td>m²</td></tr>
<tr><td colspan="12">清单综合单价组成明细</td></tr>
<tr><td rowspan="2">定额编号</td><td rowspan="2">定额名称</td><td rowspan="2">定额单位</td><td rowspan="2">数量</td><td colspan="4">单价</td><td colspan="4">合价</td></tr>
<tr><td>人工费</td><td>材料费</td><td>机械费</td><td>管理费和利润</td><td>人工费</td><td>材料费</td><td>机械费</td><td>管理费和利润</td></tr>
<tr><td>13-1-1</td><td>混凝土面天棚麻刀灰[厚度(6+3)mm]</td><td>10 m²</td><td>1.0</td><td>109.18</td><td>39.98</td><td>2.68</td><td>54.04</td><td>10.92</td><td>4.00</td><td>0.27</td><td>5.40</td></tr>
<tr><td colspan="2">人工单价</td><td colspan="6">小计</td><td>10.92</td><td>4.00</td><td>0.27</td><td>5.40</td></tr>
<tr><td colspan="2">综合工日 103 元/工日</td><td colspan="6">未计价材料费</td><td colspan="4"></td></tr>
<tr><td colspan="8">清单项目综合单价</td><td colspan="4">20.59</td></tr>
<tr><td rowspan="4">材料费明细</td><td colspan="5">主要材料名称、规格、型号</td><td>单位</td><td>数量</td><td>单价(元)</td><td>合价(元)</td><td>暂估单价(元)</td><td>暂估合价(元)</td></tr>
<tr><td colspan="5">(略)</td><td></td><td></td><td></td><td></td><td></td><td></td></tr>
<tr><td colspan="7">其他材料费</td><td>—</td><td></td><td>—</td><td></td></tr>
<tr><td colspan="7">材料费小计</td><td>—</td><td>4.00</td><td>—</td><td>0</td></tr>
</table>

3)计算合价

将计算得到的综合单价填入对应"分部分项工程及单价措施项目清单与计价表"中，并计算得到合价，见表 5-64。

表 5-64　分部分项工程及单价措施项目清单与计价表

工程名称：某装饰工程　　　　第 1 页　共 1 页

<table>
<tr><td rowspan="2">序号</td><td rowspan="2">项目编码</td><td rowspan="2">项目名称</td><td rowspan="2">项目特征</td><td rowspan="2">计量单位</td><td rowspan="2">工程数量</td><td colspan="3">金额(元)</td></tr>
<tr><td>综合单价</td><td>合价</td><td>其中：暂估价</td></tr>
<tr><td>1</td><td>011301001001</td><td>天棚抹灰</td><td>1.抹灰厚度(6+3)mm、材料种类麻刀灰
2.砂浆：麻刀石灰浆</td><td>m²</td><td>31.95</td><td>20.59</td><td>657.85</td><td></td></tr>
</table>

二、天棚吊顶(编码：011302)

《房屋建筑与装饰工程工程量计算规范》(GB 50854—2013)附录 N 中的天棚顶包括

吊顶天棚、格栅吊顶、吊筒吊顶、藤条造型悬挂吊顶、织物软雕吊顶、装饰网架吊顶 6 个清单项目。各清单项目设置的具体内容见表 5-65。天棚吊顶的定额说明和工程量计算规则见码 5-19。

表 5-65 天棚吊顶(编码:011302)

项目编码	项目名称	项目特征	计量单位	工程量计算规则
011302001	吊顶天棚	1.吊顶形式、吊杆规格、高度 2.龙骨材料种类、规格、中距 3.基层材料种类、规格 4.面层材料品种、规格 5.压条材料种类、规格 6.嵌缝材料种类 7.防护材料种类	m^2	按设计图示尺寸以水平投影面积计算。天棚面中的灯槽及跌级、锯齿形、吊挂式、藻井式天棚面积不展开计算。不扣除间壁墙、检查口、附墙烟囱、柱垛和管道所占面积,扣除单个>0.3 m^2的孔洞、独立柱及与天棚相连的窗帘盒所占的面积
011302002	格栅吊顶	1.龙骨材料种类、规格、中距 2.基层材料种类、规格 3.面层材料品种、规格 4.防护材料种类		按设计图示尺寸以水平投影面积计算
011302003	吊筒吊顶	1.吊筒形状、规格 2.吊筒材料种类 3.防护材料种类		
011302004	藤条造型悬挂吊顶	1.骨架材料种类、规格 2.面层材料品种、规格		
011302005	织物软雕吊顶			
011302006	装饰网架吊顶	网架材料品种、规格		

【实战演练 5-16】 预制钢筋混凝土板底吊不上人型装配式 U 形轻钢龙骨,间距为 450 mm×450 mm,龙骨上铺钉中密度板,面层粘贴 4 mm 厚铝塑板,尺寸如图 5-13 所示。

1.任务要求

(1)编制该项目工程量清单。

(2)编制该项目工程量清单计价表。

2.任务分析与实施

1)编制该项目工程量清单

(1)确定清单项。

码 5-19 天棚吊顶

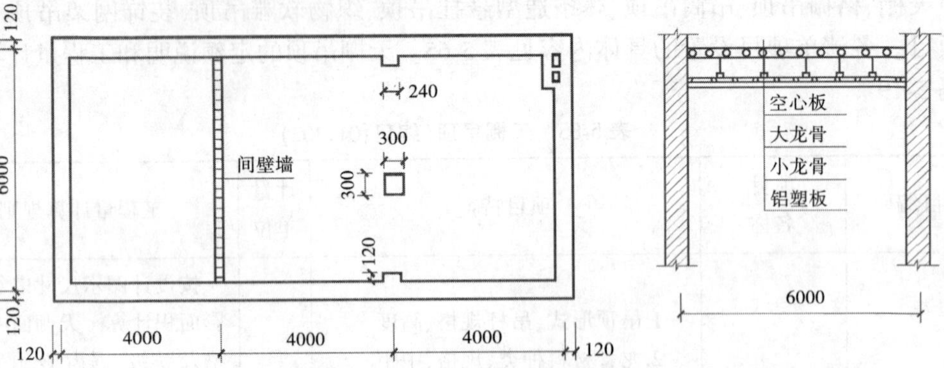

(a)平面图　　(b)剖面图

图 5-13　天棚平面图及剖面图

根据表 5-65 天棚吊顶列项。

项目编码:011302001001。

项目名称:吊顶天棚。

工程内容:基层清理、吊杆安装、龙骨安装、基层板铺贴、面层铺贴、嵌缝、刷防护材料。

(2)清单工程量计算。

根据确定的清单工程量计算规则,按设计图示尺寸以水平投影面积计算。

工程数量 $=(12-0.24)\times(6-0.24)-0.30\times0.30=67.65(m^2)$。

(3)编制分部分项工程量清单。

将上述结果及相关内容填入"分部分项工程及单价措施项目清单与计价表",如表 5-66 所示。

表 5-66　分部分项工程及单价措施项目清单与计价表

工程名称:某装饰工程　　　　第 1 页　共 1 页

序号	项目编码	项目名称	项目特征	计量单位	工程数量	金额(元)		
						综合单价	合价	其中:暂估价
1	011302001001	吊顶天棚	1.吊顶形式:不上人型装配式 2.龙骨材料:U 形轻钢龙骨、间距 450 mm×450 mm 3.基层材料:中密度板 4.面层:铝塑板、规格 4 mm 厚	m^2	67.65			

2)编制该项目工程量清单计价表

(1)选择定额。

①轻钢龙骨的工程量 $=(12-0.24)\times(6-0.24)=67.74(m^2)$。

不上人型装配式U形轻钢龙骨(平面),间距为450 mm×450 mm,套用定额13-2-9子目。

②基层板的工程量=(12-0.24)×(6-0.24)-0.30×0.30=67.65(m^2)。

轻钢龙骨上铺钉中密度板基层,套用定额13-3-5子目。

③铝塑板面层的工程量=(12-0.24)×(6-0.24)-0.30×0.30=67.65(m^2)。

面层铝塑板贴在基层板上,套用定额13-3-26子目。

(2)依据《山东省建筑工程消耗量定额》(SD 01—31—2016)(省价目表2017)组价,综合单价计算分析如表5-67所示。

表5-67　分部分项工程量清单综合单价分析表

工程名称:某装饰工程　　　　第1页　共1页

项目编码	011302001001			项目名称		吊顶天棚			计量单位		m^2
清单综合单价组成明细											
定额编号	定额名称	定额单位	数量	单价				合价			
				人工费	材料费	机械费	管理费和利润	人工费	材料费	机械费	管理费和利润
13-2-9	不上人型装配式U形轻钢天棚龙骨(网格尺寸450 mm×450 mm)平面	10 m^2	1.0	198.79	186.44	29.04	98.40	19.88	18.64	2.90	9.84
13-3-5	钉铺密度板基层 轻钢龙骨		1.0	86.52	240.69	0	42.83	8.65	24.07	0	4.28
13-3-26	天棚金属面层铝塑板贴在基层板上		1.0	150.38	914.88	0	74.44	15.04	91.49	0	7.44
人工单价		小计						43.57	134.20	2.90	21.56
综合工日103元/工日		未计价材料费									
清单项目综合单价								202.23			
材料费明细	主要材料名称、规格、型号					单位	数量	单价(元)	合价(元)	暂估单价(元)	暂估合价(元)
	(略)										
	其他材料费							—		—	
	材料费小计							—	134.20	—	0

3)计算合价

将计算得到的综合单价填入对应“分部分项工程及单价措施项目清单与计价表”中，并计算得到合价，见表5-68。

表5-68 分部分项工程及单价措施项目清单与计价表

工程名称：某装饰工程　　　　第1页 共1页

序号	项目编码	项目名称	项目特征	计量单位	工程数量	金额(元)		
						综合单价	合价	其中：暂估价
1	011302001001	吊顶天棚	1.吊顶形式：不上人型装配式 2.龙骨材料：U形轻钢龙骨、间距450 mm×450 mm 3.基层材料：中密度板 4.面层：铝塑板、规格4 mm厚	m^2	67.65	202.23	13 680.86	

三、采光天棚(编码：011303)

《房屋建筑与装饰工程工程量计算规范》(GB 50854—2013)附录N中的采光天棚包括采光天棚1个清单项目。各清单项目设置的具体内容见表5-69。

表5-69 采光天棚(编码：011303)

项目编码	项目名称	项目特征	计量单位	工程量计算规则
011303001	采光天棚	1.骨架类型 2.固定类型、固定材料品种、规格 3.面层材料品种、规格 4.嵌缝、塞口材料种类	m^2	按框外围展开面积计算

注：采光天棚骨架不包括在工作内容中，应单独按GB 50854—2013附录F金属结构工程相关项目编码列项。

四、天棚其他装饰(编码：011304)

《房屋建筑与装饰工程工程量计算规范》(GB 50854—2013)附录N中的天棚其他装饰包括灯带(槽)，送风口、回风口2个清单项目。各清单项目设置的具体内容见表5-70。

五、其他说明

天棚装饰刷油漆、涂料、裱糊，按GB 50854—2013附录P油漆、涂料、裱糊工程相应项目编码列项。

表 5-70　天棚其他装饰(编码:011303)

项目编码	项目名称	项目特征	计量单位	工程量计算规则
011304001	灯带(槽)	1.灯带型式、尺寸 2.格栅片材料品种、规格 3.安装固定方式	m^2	按设计图示尺寸以框外围面积计算
011304002	送风口、回风口	1.风口材料品种、规格 2.安装固定方式 3.防护材料种类	个	按设计图示数量计算

任务四　油漆、涂料、裱糊工程

油漆、涂料、裱糊工程有关的定额说明与解释、工程量计算规则见码 5-20。

一、门油漆(编码:011401)

《房屋建筑与装饰工程工程量计算规范》(GB 50854—2013)附录 P 中的门油漆包括木门油漆和金属门油漆 2 个清单项目。各清单项目的设置、项目特征描述的内容、计量单位及工程量计算规则按照表 5-71 的规定执行。门油漆的定额说明和工程量计算规则见码 5-21。

码 5-20　油漆、涂料、裱糊工程

表 5-71　门油漆(编码:011401)

<table>
<tr><th>项目编码</th><th>项目名称</th><th>项目特征</th><th>计量单位</th><th>工程量计算规则</th></tr>
<tr><td>011401001</td><td>木门油漆</td><td rowspan="2">1.门类型
2.门代号及洞口尺寸
3.腻子种类
4.刮腻子遍数
5.防护材料种类
6.油漆品种、刷漆遍数</td><td rowspan="2">1.樘
2.m^2</td><td rowspan="2">1.以樘计量,按设计图示数量计量
2.以平方米计量,按设计图示洞口尺寸以面积计算</td></tr>
<tr><td>011401002</td><td>金属门油漆</td></tr>
</table>

注:1.木门油漆应区分木大门、单层木门、双层(一玻一纱)木门、双层(单裁口)木门、全玻自由门、半玻自由门、装饰门及有框门或无框门等项目,分别编码列项。

2.金属门油漆应区分平开门、推拉门、钢制防火门等项目,分别编码列项。

3.以平方米计量,项目特征可不必描述洞口尺寸。

【实战演练 5-17】　某工程的单层全玻璃门,尺寸如图 5-14 所示,油漆为底油一遍、调和漆三遍。

1.任务要求

(1)编制该项目工程量清单。

(2)编制该项目工程量清单计价表。

2.任务分析与实施

1)编制该项目工程量清单

(1)确定清单项。

码 5-21　门油漆

根据表 5-71 规定,确定清单项。

项目编码:011401001001。

项目名称:木门油漆。

项目特征:门的类型是全玻璃门,施工做法为底油一遍、调和漆三遍。

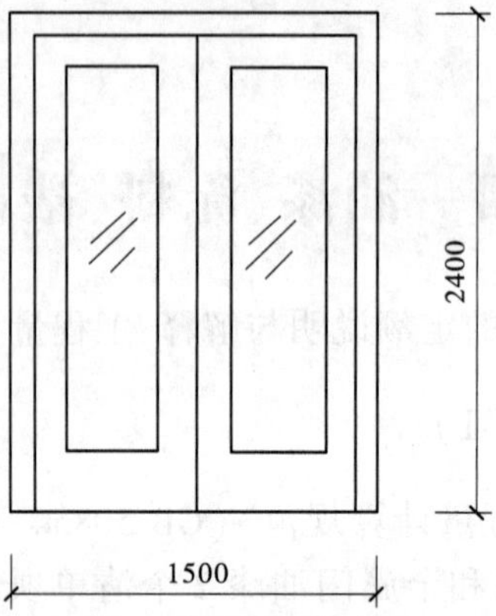

图 5-14　全玻璃门示意图

(2)清单工程量计算。

根据确定的清单工程量计算规则,以平方米计量,按设计图示洞口尺寸以面积计算。

全玻璃门油漆清单工程量 $=1.50\times2.40=3.60(m^2)$

(3)编制分部分项工程量清单。

将上述计算结果及相关内容填入分部分项工程量清单中,如表 5-72 所示。

表 5-72　分部分项工程量清单

工程名称:全玻璃门油漆装饰工程　　　　第 1 页　共 1 页

序号	项目编码	项目名称	项目特征	计量单位	工程数量	金额(元)		
						综合单价	合价	其中:暂估价
1	011401001001	木门油漆	1.类型:全玻璃门 2.底油一遍、调和漆三遍	m^2	3.60			

2）编制该项目工程量清单计价表

（1）全玻璃门油漆定额工程量 $=1.50\times2.40\times0.83$（系数）$=2.99(m^2)$。

①刷底油一遍、调和漆两遍，套定额 14-1-1。

②调和漆每增一遍，套定额 14-1-21。

（2）依据《山东省建筑工程消耗量定额》（SD 01—31—2016（省价目表 2017）组价，综合单价的计算分析如表 5-73 所示。

表 5-73　分部分项工程量清单综合单价分析表

工程名称：全玻璃门油漆装饰工程　　　　第 1 页　共 1 页

项目编码	011401001001	项目名称	木门油漆	计量单位	m^2

定额编号	定额名称	定额单位	数量	单价				合价			
				人工费	材料费	机械费	管理费和利润	人工费	材料费	机械费	管理费和利润
14-1-1	调和漆刷底油一遍、调和漆两遍单层木门	10 m^2	0.83	216.30	74.58	0	107.07	17.96	6.19	0	8.89
14-1-21	调和漆每增一遍单层木门		0.83	60.77	32.87	0	30.08	5.05	2.73	0	2.50
人工单价		小计						23.01	8.92	0	11.39
综合工日 103 元/工日		未计价材料费									
清单项目综合单价								43.33			

清单综合单价组成明细（上表）

材料费明细	主要材料名称、规格、型号	单位	数量	单价（元）	合价（元）	暂估单价（元）	暂估合价（元）
	（略）						
	其他材料费			—		—	
	材料费小计			—	8.92	—	0

3)计算合价

将计算出的综合单价填入对应"分部分项工程量清单与计价表"中,并计算出合价,完成表5-74的编制。

表5-74　分部分项工程量清单与计价表

工程名称:全玻璃门油漆装饰工程　　　　第1页　共1页

序号	项目编码	项目名称	项目特征	计量单位	工程数量	金额(元)		
						综合单价	合价	其中:暂估价
1	011401001001	木门油漆	1.类型:全玻璃门 2.底油一遍、调和漆三遍	m^2	3.6	43.33	155.99	

二、窗油漆(编码:011402)

《房屋建筑与装饰工程工程量计算规范》(GB 50854—2013)附录P中的窗油漆包括木窗油漆和金属窗油漆2个清单项目。各清单项目的设置、项目特征描述的内容、计量单位及工程量计算规则按照表5-75的规定执行。

表5-75　窗油漆(编码:011402)

项目编码	项目名称	项目特征	计量单位	工程量计算规则
011402001	木窗油漆	1.窗类型 2.窗代号及洞口尺寸 3.腻子种类 4.刮腻子遍数 5.防护材料种类 6.油漆品种、刷漆遍数	1.樘 2.m^2	1.以樘计量,按设计图示数量计量 2.以平方米计量,按设计图示洞口尺寸以面积计算
011402002	金属窗油漆			

注:1.木窗油漆应区分单层木窗、双层(一玻一纱)木窗、双层框扇(单裁口)木窗、双层框三层(二玻一纱)木窗、单层组合窗、双层组合窗、木百叶窗、木推拉窗等项目,分别编码列项。

2.金属窗油漆应区分平开窗、推拉窗、固定窗、组合窗、金属格栅窗等项目,分别编码列项。

3.以平方米计量,项目特征可不必描述洞口尺寸。

三、木扶手及其他板条、线条油漆(编码:011403)

《房屋建筑与装饰工程工程量计算规范》(GB 50854—2013)附录P中的木扶手及其他板条、线条油漆包括木扶手油漆,窗帘盒油漆,封檐板、顺水板油漆,挂衣板、黑板框油漆,挂镜线、窗帘棍、单独木线油漆等5个清单项目。各清单项目的设置、项目特征描述的内容、计量单位及工程量计算规则按照表5-76的规定执行。

表5-76　木扶手及其他板条、线条油漆(编码:011403)

项目编码	项目名称	项目特征	计量单位	工程量计算规则
011403001	木扶手油漆	1.断面尺寸 2.腻子种类 3.刮腻子遍数 4.防护材料种类 5.油漆品种、刷漆遍数	m	按设计图示尺寸以长度计算
011403002	窗帘盒油漆			
011403003	封檐板、顺水板油漆			
011403004	挂衣板、黑板框油漆			
011403005	挂镜线、窗帘棍、单独木线油漆			

注:木扶手应区分带托板与不带托板,分别编码列项,若是木栏杆带扶手,木扶手不应单独列项,应包含在木栏杆油漆中。

四、木材面油漆(编码:011404)

《房屋建筑与装饰工程工程量计算规范》(GB 50854—2013)附录P中的木材面油漆包括的各清单项目的设置、项目特征描述的内容、计量单位及工程量计算规则按照表5-77的规定执行。

五、金属面油漆(编码:011405)

《房屋建筑与装饰工程工程量计算规范》(GB 50854—2013)附录P中的金属面油漆包括的各清单项目的设置、项目特征描述的内容、计量单位及工程量计算规则按照表5-78的规定执行。

六、抹灰面油漆(编码:011406)

《房屋建筑与装饰工程工程量计算规范》(GB 50854—2013)附录P中的抹灰面油漆包括的各清单项目的设置、项目特征描述的内容、计量单位及工程量计算规则按照表5-79的规定执行。

表 5-77　木材面油漆(编码:011404)

项目编码	项目名称	项目特征	计量单位	工程量计算规则
011404001	木护墙、木墙裙油漆	1.腻子种类 2.刮腻子遍数 3.防护材料种类 4.油漆品种、刷漆遍数	m^2	按设计图示尺寸以面积计算
011404002	窗台板、筒子板、盖板、门窗套、踢脚线油漆			
011404003	清水板条天棚、檐口油漆			
011404004	木方格吊顶天棚油漆			
011404005	吸音板墙面、天棚面油漆			
011404006	暖气罩油漆			
011404007	其他木材面			
011404008	木间壁、木隔断油漆			按设计图示尺寸以单面外围面积计算
011404009	玻璃间壁露明墙筋油漆			
011404010	木栅栏、木栏杆(带扶手)油漆			
011404011	衣柜、壁柜油漆			按设计图示尺寸以油漆部分展开面积计算
011404012	梁柱饰面油漆			
011404013	零星木装修油漆			
011404014	木地板油漆			按设计图示尺寸以面积计算。空洞、空圈、暖气包槽、壁龛的开口部分并入相应的工程量内
011404015	木地板烫硬蜡面	1.硬蜡品种 2.面层处理要求		

表 5-78　金属面油漆(编码:011405)

项目编码	项目名称	项目特征	计量单位	工程量计算规则
011405001	金属面油漆	1.构件名称 2.腻子种类 3.刮腻子要求 4.防护材料种类 5.油漆品种、刷漆遍数	1.t 2.m^2	1.以吨计量,按设计图示尺寸以质量计算 2.以平方米计量,按设计展开面积计算

表 5-79　抹灰面油漆(编码:011406)

项目编码	项目名称	项目特征	计量单位	工程量计算规则
011406001	抹灰面油漆	1.基层类型 2.腻子种类 3.刮腻子遍数 4.防护材料种类 5.油漆品种、刷漆遍数 6.部位	m^2	按设计图示尺寸以面积计算
011406002	抹灰线条油漆	1.线条宽度、道数 2.腻子种类 3.刮腻子遍数 4.防护材料种类 5.油漆品种、刷漆遍数	m	按设计图示尺寸以长度计算
011406003	满刮腻子	1.基层类型 2.腻子种类 3.刮腻子遍数	m^2	按设计图示尺寸以面积计算

注:单独列出的"满刮腻子"清单项区别于项目抹灰面油漆和喷刷涂料的工作中包括的"刮腻子",此项目只适用于仅做"满刮腻子"的项目,不得将抹灰面油漆和刷涂料中"刮腻子"内容单独列出执行"满刮腻子"项目。

七、喷刷涂料(编码:011407)

《房屋建筑与装饰工程工程量计算规范》(GB 50854—2013)附录 P 中的喷刷涂料包括的各清单项目的设置、项目特征描述的内容、计量单位及工程量计算规则按照表 5-80 的规定执行。

表 5-80　喷刷涂料(编码:011407)

项目编码	项目名称	项目特征	计量单位	工程量计算规则
011407001	墙面喷刷涂料	1.基层类型 2.喷刷涂料部位 3.腻子种类 4.刮腻子要求 5.涂料品种、刷喷遍数	m^2	按设计图示尺寸以面积计算
011407002	天棚喷刷涂料			
011407003	空花格、栏杆刷涂料	1.腻子种类 2.刮腻子遍数 3.涂料品种、刷喷遍数		按设计图示尺寸以单面外围面积计算

续表 5-80

项目编码	项目名称	项目特征	计量单位	工程量计算规则
011407004	线条刷涂料	1.基层清理 2.线条宽度 3.刮腻子遍数 4.刷防护涂料材料、油漆	m	按设计图示尺寸以长度计算
011407005	金属构件刷防火涂料	1.喷刷防护涂料构件名称 2.防火等级要求 3.涂料品种、喷刷遍数	1.t 2.m^2	1.以吨计量，按设计图示尺寸以质量计算 2.以平方米计量，按设计展开面积计算
011407006	木材构件喷刷防火涂料		m^2	以平方米计量，按设计图示尺寸以面积计算

注：喷刷墙面涂料部位要注明内墙或外墙。

八、裱糊(编码：011408)

《房屋建筑与装饰工程工程量计算规范》(GB 50854—2013)附录 P 中的裱糊包括的各清单项目的设置、项目特征描述的内容、计量单位及工程量计算规则按照表 5-81 的规定执行。裱糊的定额说明和工程量计算规则见码 5-22。

表 5-81　裱糊(编码：011408)

项目编码	项目名称	项目特征	计量单位	工程量计算规则
011408001	墙纸裱糊	1.基层类型 2.裱糊部位 3.腻子种类 4.刮腻子遍数 5.黏结材料种类 6.防护材料种类 7.面层材料品种、规格、颜色	m^2	按设计图示尺寸以面积计算
011408002	织锦缎裱糊			

【实战演练 5-18】　某工程如图 5-15 所示，内墙抹灰面满刮腻子两遍，贴对花墙纸；挂镜线刷底油一遍，调和漆两遍；挂镜线以上及顶棚刷仿瓷涂料两遍。

码 5-22　裱糊

1.任务要求

(1)编制该油漆、涂料装饰工程工程量清单。

(2)编制该油漆、涂料装饰工程工程量清单计价表。

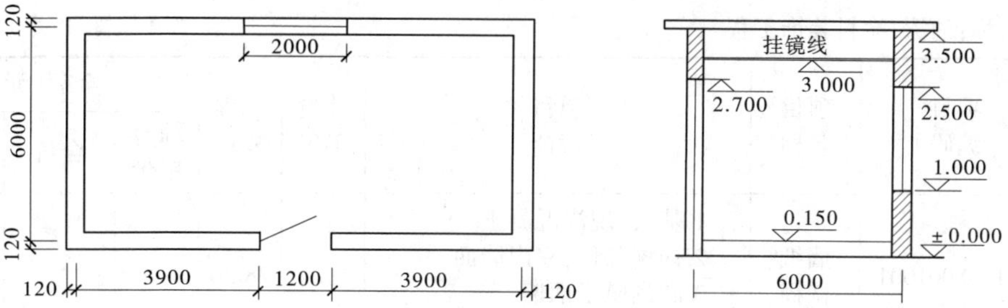

图 5-15　工程示意图

2.任务分析与实施

1)编制该项目工程量清单

(1)确定清单项。

①根据表 5-81 裱糊(编码:011408)规定,确定清单项。项目编码:011408001001;项目名称:墙纸裱糊;项目特征:现浇混凝土基层,室内墙面裱糊,满刮腻子两遍,面层贴对花墙纸。

②根据表 5-76 木扶手及其他板条、线条油漆(编码:011403)规定,确定清单项。项目编码:011403005001;项目名称:挂镜线油漆;项目特征:刷底油一遍,调和漆两遍。

③根据表 5-80 规定,确定清单项。项目编码:011407002001;项目名称:天棚喷刷涂料;项目特征:现浇混凝土基层,挂镜线以上及顶棚喷刷涂料,刷仿瓷涂料两遍。

(2)清单工程量计算。

①根据确定的清单工程量计算规则,以平方米计量,按设计图示尺寸以面积计算。

墙纸裱糊清单工程量 $=(9-0.24+6-0.24)\times2\times(3.00-0.15)-1.20\times(2.70-0.15)-2.00\times(2.50-0.10)+[1.20+(2.70-0.15)\times2+(2.00+1.50)\times2]\times0.12=78.30(m^2)$。

②根据确定的清单工程量计算规则,以米计量,按设计图示尺寸以长度计算。

挂镜线油漆清单工程量 $=(9-0.24+6-0.24)\times2=29.04(m)$。

③根据确定的清单工程量计算规则,以平方米计量,按设计图示尺寸以面积计算。

天棚喷刷涂料清单工程量 $=(9-0.24+6-0.24)\times2\times0.50+(9-0.24)\times(6-0.24)=64.98(m^2)$。

(3)编制分部分项工程量清单。

将上述计算结果及相关内容填入分部分项工程量清单中,如表 5-82 所示。

2)编制该项目工程量清单计价表

(1)墙纸裱糊。

①内墙抹灰面满刮腻子定额工程量 $=(9-0.24+6-0.24)\times2\times(3.00-0.15)-1.20\times(2.70-0.15)-2.00\times1.50=76.70(m^2)$。

内墙抹灰面满刮(成品)腻子两遍,套定额 14-4-9。

②贴对花墙纸定额工程量 = 清单工程量 $=78.30\ m^2$。

墙面贴装饰壁纸对花墙纸,套定额 14-5-2。

表 5-82　分部分项工程量清单

工程名称:油漆、涂料装饰工程　　　　第 1 页　共 1 页

序号	项目编码	项目名称	项目特征	计量单位	工程数量	金额(元)		
						综合单价	合价	其中:暂估价
1	011408001001	墙纸裱糊	1.基层:现浇混凝土 2.裱糊部位:室内墙面 3.满刮腻子两遍 4.面层贴对花墙纸	m^2	78.30			
2	011403005001	挂镜线油漆	刷底油一遍,调和漆两遍	m	29.04			
3	011407002001	天棚喷刷涂料	1.基层:现浇混凝土 2.喷刷涂料部位:挂镜线以上及顶棚 3.刷仿瓷涂料两遍	m^2	64.98			

(2)挂镜线油漆定额工程量=(9−0.24+6−0.24)×2×0.35(系数)=清单工程量×系数=10.16(m)。

挂镜线刷底油一遍,调和漆两遍,套定额 14−1−5。

(3)天棚喷刷涂料定额工程量=清单工程量=64.98 m^2。

挂镜线以上及顶棚刷仿瓷涂料两遍,套定额 14−3−22。

(4)依据《山东省建筑工程消耗量定额》(SD 01—31—2016)(省价目表 2017)组价,各清单项综合单价的计算分析分别如表 5-83~表 5-85 所示。

表 5-83　分部分项工程量清单综合单价分析表

工程名称:油漆、涂料装饰工程　　　　第 1 页　共 1 页

项目编码	011408001001		项目名称		墙纸裱糊			计量单位		m^2
清单综合单价组成明细										
定额编号	定额名称	定额单位	数量	单价				合价		
				人工费	材料费	机械费	管理费和利润	人工费	材料费	机械费	管理费和利润
14−4−9	内墙抹灰面满刮(成品)腻子两遍	10 m^2	0.98	33.99	148.97	0	16.83	3.33	14.60	0	1.65
14−5−2	墙面贴装饰壁纸对花墙纸	10 m^2	1.00	79.31	199.87	0	39.26	7.93	19.99	0	3.93
人工单价		小计						11.26	34.59	0	5.57
综合工日 103 元/工日		未计价材料费									
清单项目综合单价								51.42			

续表 5-83

材料费明细	主要材料名称、规格、型号	单位	数量	单价（元）	合价（元）	暂估单价（元）	暂估合价（元）
	（略）						
	其他材料费			—		—	
	材料费小计			—	34.59	—	0

表 5-84　分部分项工程量清单综合单价分析表

工程名称：油漆、涂料装饰工程　　　　第 1 页　共 1 页

项目编码	011403005001	项目名称	挂镜线油漆	计量单位	m

清单综合单价组成明细

定额编号	定额名称	定额单位	数量	单价				合价			
				人工费	材料费	机械费	管理费和利润	人工费	材料费	机械费	管理费和利润
14-1-5	挂镜线刷底油一遍，调和漆两遍	10 m	0.35	156.56	37.62	0	77.50	5.48	1.32	0	2.71
人工单价		小计						5.48	1.32	0	2.71
综合工日 103 元/工日		未计价材料费									
清单项目综合单价								9.51			

材料费明细	主要材料名称、规格、型号	单位	数量	单价（元）	合价（元）	暂估单价（元）	暂估合价（元）
	（略）						
	其他材料费			—		—	
	材料费小计			—	1.32	—	0

表 5-85　分部分项工程量清单综合单价分析表

工程名称:油漆、涂料装饰工程　　　　第 1 页　共 1 页

<table>
<tr><td>项目编码</td><td colspan="3">011407002001</td><td colspan="2">项目名称</td><td colspan="3">天棚喷刷涂料</td><td colspan="2">计量单位</td><td>m²</td></tr>
<tr><td colspan="12">清单综合单价组成明细</td></tr>
<tr><td rowspan="2">定额编号</td><td rowspan="2">定额名称</td><td rowspan="2">定额单位</td><td rowspan="2">数量</td><td colspan="4">单价</td><td colspan="4">合价</td></tr>
<tr><td>人工费</td><td>材料费</td><td>机械费</td><td>管理费和利润</td><td>人工费</td><td>材料费</td><td>机械费</td><td>管理费和利润</td></tr>
<tr><td>14-3-22</td><td>挂镜线以上及顶棚刷仿瓷涂料两遍</td><td>10 m²</td><td>1.00</td><td>28.84</td><td>15.50</td><td>0</td><td>14.28</td><td>2.88</td><td>1.55</td><td>0</td><td>1.43</td></tr>
<tr><td colspan="2">人工单价</td><td colspan="6">小计</td><td>2.88</td><td>1.55</td><td>0</td><td>1.43</td></tr>
<tr><td colspan="2">综合工日 103 元/工日</td><td colspan="6">未计价材料费</td><td colspan="4"></td></tr>
<tr><td colspan="8">清单项目综合单价</td><td colspan="4">5.86</td></tr>
<tr><td rowspan="4">材料费明细</td><td colspan="5">主要材料名称、规格、型号</td><td>单位</td><td>数量</td><td>单价（元）</td><td>合价（元）</td><td>暂估单价（元）</td><td>暂估合价（元）</td></tr>
<tr><td colspan="5">（略）</td><td></td><td></td><td></td><td></td><td></td><td></td></tr>
<tr><td colspan="7">其他材料费</td><td>—</td><td></td><td>—</td><td></td></tr>
<tr><td colspan="7">材料费小计</td><td>—</td><td>1.55</td><td>—</td><td>0</td></tr>
</table>

3) 计算合价

将计算出的综合单价填入对应“分部分项工程量清单与计价表”中，并计算出合价，完成表 5-86 的编制。

表 5-86　分部分项工程量清单与计价表

工程名称:油漆、涂料装饰工程　　　　第 1 页　共 1 页

<table>
<tr><td rowspan="2">序号</td><td rowspan="2">项目编码</td><td rowspan="2">项目名称</td><td rowspan="2">项目特征</td><td rowspan="2">计量单位</td><td rowspan="2">工程数量</td><td colspan="3">金额(元)</td></tr>
<tr><td>综合单价</td><td>合价</td><td>其中：暂估价</td></tr>
<tr><td>1</td><td>011408001001</td><td>墙纸裱糊</td><td>1.基层:现浇混凝土
2.裱糊部位:室内墙面
3.满刮腻子两遍
4.面层贴对花墙纸</td><td>m²</td><td>78.30</td><td>51.42</td><td>4 026.19</td><td></td></tr>
</table>

续表 5-86

序号	项目编码	项目名称	项目特征	计量单位	工程数量	金额(元)		
						综合单价	合价	其中：暂估价
2	011403005001	挂镜线油漆	刷底油一遍，调和漆两遍	m	29.04	9.51	276.17	
3	011407002001	天棚喷刷涂料	1.基层：现浇混凝土 2.喷刷涂料部位：挂镜线以上及顶棚 3.刷仿瓷涂料两遍	m^2	64.98	5.86	380.78	
	分部小计						4 683.14	

任务五　其他装饰工程

其他装饰工程的有关定额说明与解释、工程量计算规则见码 5-23。

码 5-23　其他装饰工程

一、柜类、货架(编码:011501)

《房屋建筑与装饰工程工程量计算规范》(GB 50854—2013)附录 Q 中的柜类、货架包括柜台、酒柜、衣柜等 20 个清单项目。各清单项目的设置、项目特征描述的内容、计量单位及工程量计算规则按照表 5-87 的规定执行。柜类、货架的定额说明和工程量计算规则见码 5-24。

表 5-87　柜类、货架(编码:011501)

项目编码	项目名称	项目特征	计量单位	工程量计算规则
011501001	柜台	1.台柜规格 2.材料种类、规格 3.五金种类、规格 4.防护材料种类 5.油漆品种、刷漆遍数	1.个 2.m 3.m^3	1.以个计量，按设计图示数量计算 2.以米计量，按设计图示尺寸以延长米计算 3.以立方米计量，按设计图示尺寸以体积计算
011501002	酒柜			
011501003	衣柜			
011501004	存包柜			
011501005	鞋柜			
011501006	书柜			
011501007	厨房壁柜			
011501008	木壁柜			
011501009	厨房低柜			
011501010	橱房吊柜			
011501011	矮柜			

续表 5-87

项目编码	项目名称	项目特征	计量单位	工程量计算规则
011501012	吧台背柜	1.台柜规格 2.材料种类、规格 3.五金种类、规格 4.防护材料种类 5.油漆品种、刷漆遍数	1.个 2.m 3.m^3	1.以个计量,按设计图示数量计算 2.以米计量,按设计图示尺寸以延长米计算 3.以立方米计量,按设计图示尺寸以体积计算
011501013	酒吧吊柜			
011501014	酒吧台			
011501015	展台			
011501016	收银台			
011501017	试衣间			
011501018	货架			
011501019	书架			
011501020	服务台			

【实战演练 5-19】 某厨房制作安装一吊柜,尺寸如图 5-16 所示,木骨架,背面、上面及侧面为胶合板围板,底板与隔板为 18 mm 厚细木工板,外围及框的正面贴装饰木夹板面层,玻璃推拉门,金属滑轨。

1.任务要求

(1)编制该项目工程量清单。

(2)编制该项目工程量清单计价表。

2.任务分析与实施

1)编制该项目工程量清单

(1)确定清单项。

码 5-24 柜类、货架

根据表 5-87 柜类、货架(编码:011501)规定,确定清单项。项目编码:011501010001;项目名称:厨房吊柜;项目特征:台柜规格为 1 m×0.4 m×0.6 m,木骨架,背面、上面及侧面为胶合板围板,底板与隔板为 18 mm 厚细木工板,外围及框的正

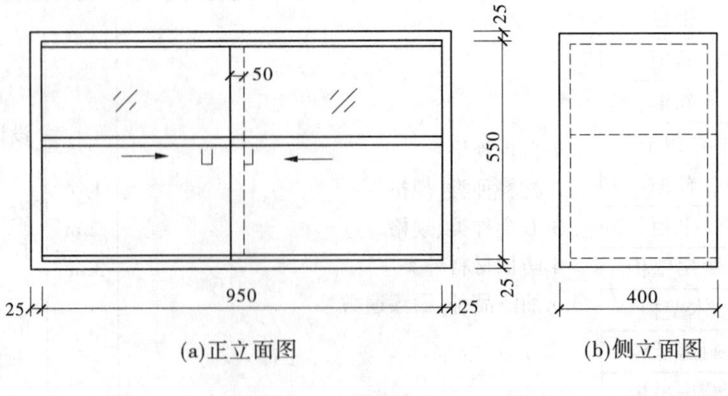

(a)正立面图　　(b)侧立面图

图 5-16 吊柜示意图

面贴装饰木夹板面层，玻璃推拉门，金属滑轨。

(2)清单工程量计算。

根据确定的清单工程量计算规则，以个计量，按设计图示数量计算。

厨房吊柜的清单工程量=1个。

(3)编制分部分项工程量清单。

将上述计算结果及相关内容填入分部分项工程量清单中，如表5-88所示。

表5-88　分部分项工程量清单

工程名称：厨房吊柜装饰工程　　　　第1页　共1页

序号	项目编码	项目名称	项目特征	计量单位	工程数量	金额(元)		
						综合单价	合价	其中：暂估价
1	011501010001	厨房吊柜	1.柜类名称：厨房吊柜 2.柜类规格：1 m×0.4 m×0.6 m 3.木骨架 4.背面、上面及侧面为胶合板围板 5.底板与隔板为18 mm厚细木工板 6.外围及柜的正面贴装饰木夹板面层 7.玻璃推拉门 8.金属滑轨	个	1			

2)编制该项目工程量清单计价表

(1)吊柜木骨架制作安装的定额工程量=(0.95+0.025×2)×(0.55+0.025×2)=1.00×0.60=0.60(m^2)。

吊柜骨架制作安装，套用定额15-1-1。

(2)背面、上面及侧面的胶合板围板的定额工程量=1.00×0.60+(1.00+0.60×2)×0.40=1.48(m^2)。

骨架胶合板围板制作安装，套用定额15-1-2。

(3)18 mm厚细木工板制作的底板与隔板的定额工程量=1.00×(0.4−0.025)×2=0.75(m^2)。

细木工板隔板制作安装，套用定额15-1-5。

(4)外围及柜的正面贴装饰木夹板面层的定额工程量=(1.00+0.60)×2×0.40+(0.95+0.025+0.60+0.025)×2×0.025+0.95×0.018=1.37(m^2)。

基层板贴装饰木夹板面层，套用定额15-1-6。

(5)玻璃推拉门(玻璃门扇)的定额工程量=(1.00−0.025×2+0.05)×0.55=0.55(m^2)。

玻璃门扇，套用定额15-1-14。

(6)金属滑轨的定额工程量=0.95×2=1.90(m)。

玻璃柜滑轨，套用定额 15-1-18。

(7)依据《山东省建筑工程消耗量定额》(SD 01—31—2016)(省价目表 2017)组价，综合单价的计算分析如表 5-89 所示。

表 5-89　分部分项工程量清单综合单价分析表

工程名称：厨房吊柜装饰工程　　　　　　第 1 页　共 1 页

项目编码	011501010001			项目名称		厨房吊柜		计量单位			个
清单综合单价组成明细											
定额编号	定额名称	定额单位	数量	单价				合价			
				人工费	材料费	机械费	管理费和利润	人工费	材料费	机械费	管理费和利润
15-1-1	吊柜骨架制作安装	10 m²	0.60	78.28	215.18	2.88	38.75	4.70	12.91	0.17	2.32
15-1-2	骨架胶合板围板制作安装	10 m²	1.48	72.10	226.90	3.51	35.69	10.67	33.58	0.52	5.28
15-1-5	细木工板隔板制作安装	10 m²	0.75	88.58	460.53	3.51	43.85	6.64	34.54	0.26	3.29
15-1-6	基层板贴装饰木夹板面层	10 m²	1.37	66.95	302.69	1.86	33.14	9.17	41.47	0.25	4.54
15-1-14	玻璃门扇	10 m²	0.55	46.35	179.45	0	22.94	2.55	9.87	0	1.26
15-1-18	玻璃柜滑轨	10 m	1.9	42.23	33.67	0	20.90	8.02	6.40	0	3.97
人工单价		小计						41.75	138.77	1.20	20.66
综合工日 103 元/工日		未计价材料费									
清单项目综合单价								202.38			
材料费明细	主要材料名称、规格、型号					单位	数量	单价（元）	合价（元）	暂估单价（元）	暂估合价（元）
	（略）										
	其他材料费							—		—	
	材料费小计							—	138.77	—	0

3)计算合价

将计算出的综合单价填入对应“分部分项工程量清单与计价表”中，并计算出合价，完成表 5-90 的编制。

表 5-90　分部分项工程量清单与计价表

工程名称:厨房吊柜装饰工程　　　　　　　　　　　　第 1 页　共 1 页

序号	项目编码	项目名称	项目特征	计量单位	工程数量	金额(元)		
						综合单价	合价	其中:暂估价
1	011501010001	厨房吊柜	1.柜类名称:厨房吊柜 2.柜类规格:1 m×0.4 m×0.6 m 3.木骨架 4.背面、上面及侧面为胶合板围板 5.底板与隔板为 18 mm 厚细木工板 6.外围及框的正面贴装饰木夹板面层 7.玻璃推拉门 8.金属滑轨	个	1	202.38	202.38	

二、压条、装饰线(编码:011502)

《房屋建筑与装饰工程工程量计算规范》(GB 50854—2013)附录 Q 中的压条、装饰线包括金属装饰线、木质装饰线、石材装饰线等 8 个清单项目。各清单项目的设置、项目特征描述的内容、计量单位及工程量计算规则按照表 5-91 的规定执行。压条、装饰线的定额说明和工程量计算规则见码 5-25。

表 5-91　压条、装饰线(编码:011502)

项目编码	项目名称	项目特征	计量单位	工程量计算规则
011502001	金属装饰线	1.基层类型 2.线条材料品种、规格、颜色 3.防护材料种类	m	按设计图示尺寸以长度计算
011502002	木质装饰线			
011502003	石材装饰线			
011502004	石膏装饰线			
011502005	镜面玻璃线			
011502006	铝塑装饰线			
011502007	塑料装饰线			
011502008	GRC 装饰线条	1.基层类型 2.线条规格 3.线条安装部位 4.填充材料种类		

【实战演练 5-20】 家庭装修在混凝土天棚四周贴石膏阴角线,50 mm 宽,60 m 长。

1.任务要求

(1)编制该项目工程量清单。

(2)编制该项目工程量清单计价表。

2.任务分析与实施

1)编制该项目工程量清单

(1)确定清单项。

码 5-25 压条、装饰线

根据表 5-91 规定,确定清单项,项目编码:011502004001;项目名称:石膏装饰线;项目特征:基层类型为混凝土,线条材料为石膏阴角线,50 mm 宽,60 m 长。

(2)清单工程量计算。

根据确定的清单工程量计算规则,以米计量,按设计图示尺寸以长度计算。

石膏装饰线的清单工程量=60 m。

(3)编制分部分项工程量清单。

将上述计算结果及相关内容填入分部分项工程量清单中,如表 5-92 所示。

表 5-92 分部分项工程量清单

工程名称:石膏装饰线装饰工程　　　　第 1 页　共 1 页

序号	项目编码	项目名称	项目特征	计量单位	工程数量	金额(元)		
						综合单价	合价	其中:暂估价
1	011502004001	石膏装饰线	1.基层类型:混凝土 2.线条材料:石膏阴角线 3.线条规格:50 mm 宽、60 m 长	m	60			

2)编制该项目工程量清单计价表

(1)石膏装饰线定额工程量=60 m。

石膏阴角线宽≤50 mm,套定额 15-2-23。

(2)依据《山东省建筑工程消耗量定额》(SD 01—31—2016)(省价目表 2017)组价,综合单价的计算分析如表 5-93 所示。

3)计算合价

将计算出的综合单价填入对应"分部分项工程量清单与计价表"中,并计算出合价,完成表 5-94 的编制。

三、扶手、栏杆、栏板装饰(编码:011503)

《房屋建筑与装饰工程工程量计算规范》(GB 50854—2013)附录 Q 中的扶手、栏杆、栏板装饰包括 8 个清单项目。各清单项目的设置、项目特征描述的内容、计量单位及工程量计算规则按照表 5-95 的规定执行。

表 5-93　分部分项工程量清单综合单价分析表

工程名称：石膏装饰线装饰工程　　　　　　　　第 1 页　共 1 页

项目编码	011502004001	项目名称	石膏装饰线	计量单位	m

清单综合单价组成明细											
定额编号	定额名称	定额单位	数量	单价				合价			
				人工费	材料费	机械费	管理费和利润	人工费	材料费	机械费	管理费和利润
15-2-23	石膏阴角线宽≤50 mm	10 m	1.00	40.17	50.69	0.32	19.88	4.02	5.07	0.03	1.99
人工单价		小计						4.02	5.07	0.03	1.99
综合工日 103 元/工日		未计价材料费									
清单项目综合单价								11.11			
材料费明细	主要材料名称、规格、型号					单位	数量	单价（元）	合价（元）	暂估单价（元）	暂估合价（元）
	（略）										
	其他材料费							—		—	
	材料费小计							—	5.07	—	0

表 5-94　分部分项工程量清单与计价表

工程名称：石膏装饰线装饰工程　　　　　　　　第 1 页　共 1 页

序号	项目编码	项目名称	项目特征	计量单位	工程数量	金额（元）		
						综合单价	合价	其中：暂估价
1	011502004001	石膏装饰线	1.基层类型：混凝土 2.线条材料：石膏阴角线 3.线条规格：50 mm 宽、60 m 长	m	60	11.11	666.60	

表 5-95 扶手、栏杆、栏板装饰(编码:011503)

项目编码	项目名称	项目特征	计量单位	工程量计算规则
011503001	金属扶手、栏杆、栏板	1.扶手材料种类、规格 2.栏杆材料种类、规格 3.栏板材料种类、规格、颜色 4.固定配件种类 5.防护材料种类	m	按设计图示以扶手中心线长度(包括弯头长度)计算
011503002	硬木扶手、栏杆、栏板			
011503003	塑料扶手、栏杆、栏板			
011503004	GRC 栏杆、扶手			
011503005	金属靠墙扶手	1.扶手材料种类、规格 2.固定配件种类 3.防护材料种类		
011503006	硬木靠墙扶手			
011503007	塑料靠墙扶手			
011503008	玻璃栏板	1.栏杆玻璃的种类、规格、颜色 2.固定方式 3.固定配件种类		

注:凡栏杆、栏板含扶手的项目,不得单独将扶手进行编码列项。

四、暖气罩(编码:011504)

《房屋建筑与装饰工程工程量计算规范》(GB 50854—2013)附录 Q 中的暖气罩包括饰面板暖气罩、塑料板暖气罩、金属暖气罩 3 个清单项目。各清单项目的设置、项目特征描述的内容、计量单位及工程量计算规则按照表 5-96 的规定执行。

表 5-96 暖气罩(编码:011504)

项目编码	项目名称	项目特征	计量单位	工程量计算规则
011504001	饰面板暖气罩	1.暖气罩材质 2.防护材料种类	m^2	按设计图示尺寸以垂直投影面积(不展开)计算
011504002	塑料板暖气罩			
011504003	金属暖气罩			

五、浴厕配件(编码:011505)

《房屋建筑与装饰工程工程量计算规范》(GB 50854—2013)附录Q中的浴厕配件包括洗漱台、晒衣架、镜面玻璃等11个清单项目。各清单项目的设置、项目特征描述的内容、计量单位及工程量计算规则按照表5-97的规定执行。

表5-97　浴厕配件(编码:011505)

项目编码	项目名称	项目特征	计量单位	工程量计算规则
011505001	洗漱台	1.材料品种、规格、颜色 2.支架、配件品种、规格	1.m^2 2.个	1.按设计图示尺寸以台面外接矩形面积计算。不扣除孔洞、挖弯、削角所占面积,挡板、吊沿板面积并入台面面积内计算 2.按设计图示数量计算
011505002	晒衣架		个	按设计图示数量计算
011505003	帘子杆			
011505004	浴缸拉手			
011505005	卫生间扶手			
011505006	毛巾杆(架)		套	
011505007	毛巾环		副	
011505008	卫生纸盒		个	
011505009	肥皂盒			
011505010	镜面玻璃	1.镜面玻璃品种、规格 2.框材质、断面尺寸 3.基层材料种类 4.防护材料种类	m^2	按设计图示尺寸以边框外围面积计算
011505011	镜箱	1.箱体材质、规格 2.玻璃品种、规格 3.基层材料种类 4.防护材料种类 5.油漆品种、刷漆遍数	个	按设计图示数量计算

六、雨篷、旗杆(编码:011506)

《房屋建筑与装饰工程工程量计算规范》(GB 50854—2013)附录Q中的雨篷、旗杆包括雨篷吊挂饰面、金属旗杆、玻璃雨篷3个清单项目。各清单项目的设置、项目特征描述的内容、计量单位及工程量计算规则按照表5-98的规定执行。

表 5-98　雨篷、旗杆(编码:011506)

项目编码	项目名称	项目特征	计量单位	工程量计算规则
011506001	雨篷吊挂饰面	1.基层类型 2.龙骨材料种类、规格、中距 3.面层材料品种、规格 4.吊顶(天棚)材料、品种、规格 5.嵌缝材料种类 6.防护材料种类	m^2	按设计图示尺寸以水平投影面积计算
011506002	金属旗杆	1.旗杆材料、种类、规格 2.旗杆高度 3.基础材料种类 4.基座材料种类 5.基座面层材料、种类、规格	根	按设计图示数量计算
011506003	玻璃雨篷	1.玻璃雨篷固定方式 2.龙骨材料种类、规格、中距 3.玻璃材料品种、规格 4.嵌缝材料种类 5.防护材料种类	m^2	按设计图示尺寸以水平投影面积计算

七、招牌、灯箱(编码:011507)

《房屋建筑与装饰工程工程量计算规范》(GB 50854—2013)附录 Q 中的招牌、灯箱包括 4 个清单项目。各清单项目的设置、项目特征描述的内容、计量单位及工程量计算规则按照表 5-99 的规定执行。招牌、灯箱的定额说明和工程量计算规则见码 5-26。

表 5-99　招牌、灯箱(编码:011507)

<table>
<tr><th>项目编码</th><th>项目名称</th><th>项目特征</th><th>计量单位</th><th>工程量计算规则</th></tr>
<tr><td>011507001</td><td>平面、箱式招牌</td><td rowspan="3">1.箱体规格
2.基层材料种类
3.面层材料种类
4.防护材料种类</td><td>m^2</td><td>按设计图示尺寸以正立面边框外围面积计算。复杂形的凸凹造型部分不增加面积</td></tr>
<tr><td>011507002</td><td>竖式标箱</td><td rowspan="3">个</td><td rowspan="3">按设计图示数量计算</td></tr>
<tr><td>011507003</td><td>灯箱</td></tr>
<tr><td>011507004</td><td>信报箱</td><td>1.箱体规格
2.基层材料种类
3.面层材料种类
4.防护材料种类
5.户数</td></tr>
</table>

八、美术字(编码:011508)

《房屋建筑与装饰工程工程量计算规范》(GB 50854—2013)附录 Q 中的美术字包括泡沫塑料字、有机玻璃字、木质字、金属字、吸塑字 5 个清单项目。各清单项目的设置、项目特征描述的内容、计量单位及工程量计算规则按照表 5-100 的规定执行。美术字的定额说明和工程量计算规则见码 5-26。

表 5-100　美术字(编码:011508)

项目编码	项目名称	项目特征	计量单位	工程量计算规则
011508001	泡沫塑料字	1.基层类型 2.镌字材料品种、颜色 3.字体规格 4.固定方式 5.油漆品种、刷漆遍数	个	按设计图示数量计算
011508002	有机玻璃字			
011508003	木质字			
011508004	金属字			
011508005	吸塑字			

注:柜类、货架、雨篷、旗杆、招牌、灯箱、美术字等单件项目,工作内容中包括了“刷油漆”,主要考虑整体性,不得单列油漆清单项目;本附录其他项目,工作内容中若不包括“刷油漆”,可单独按 GB 50854—2013 附录 P 相应项目分别编码列项。

【实战演练 5-21】 某工程檐口上方设招牌,长 28 m,高 1.5 m,木结构龙骨,九夹板基层,塑铝板面层,上嵌 8 个 1 m×1 m 有机玻璃大字。

1.任务要求

(1)编制该项目工程量清单。

(2)编制该项目工程量清单计价表。

2.任务分析与实施

1)编制该项目工程量清单

(1)确定清单项。

码 5-26　招牌、灯箱、美术字

根据表 5-99 规定,确定清单项。项目编码:011507001001;项目名称:平面招牌;项目特征:箱体规格为 28 m×1.5 m,基层材料种类为木结构龙骨和九夹板基层,面层材料种类为塑铝板。

根据表 5-100 规定,确定清单项。项目编码:011508002001;项目名称:有机玻璃字;项目特征:基层类型为塑铝板,镌字材料为有机玻璃,字体规格为 1 m×1 m,固定方式为胶粘。

(2)清单工程量计算。

根据确定的清单工程量计算规则,以平方米计量,按设计图示尺寸以正立面边框外围面积计算。复杂形的凸凹造型部分不增加面积 。

平面招牌清单工程量=28×1.5=42(m^2)。

根据确定的清单工程量计算规则,以个计量,按设计图示数量计算。

有机玻璃字清单工程量= 8 个

(3)编制分部分项工程量清单。

将上述计算结果及相关内容填入分部分项工程量清单中,如表 5-101 所示。

表 5-101　分部分项工程量清单

工程名称:招牌装饰工程　　　　第 1 页　共 1 页

序号	项目编码	项目名称	项目特征	计量单位	工程数量	金额(元)		
						综合单价	合价	其中:暂估价
1	011507001001	平面招牌	1.箱体规格:28 m×1.5 m 2.基层材料种类:木结构龙骨、九夹板基层 3.面层材料种类:塑铝板	m^2	42			
2	011508002001	有机玻璃字	1.基层类型 :塑铝板 2.镌字材料:有机玻璃 3.字体规格:1 m×1 m 4.固定方式:胶粘	个	8			

2)编制该项目工程量清单计价表

(1)平面招牌。

①招牌龙骨的定额工程量=平面招牌清单工程量=42 m^2。

一般木结构龙骨,套用定额 15-6-1。

②基层的工程量=平面招牌清单工程量=42 m^2。

钢龙骨九夹板基层,套用定额 15-6-9。

③面层的工程量=平面招牌清单工程量=42 m^2。

铝塑板面层,套用定额 15-6-12。

(2)有机玻璃字。

有机玻璃字的定额工程量=清单工程量= 8 个。

有机玻璃字≤1 m^2混凝土墙面,套用定额 15-7-7。

(3)依据《山东省建筑工程消耗量定额》(SD 01—31—2016)(省价目表 2017)组价,各清单项综合单价的计算分析分别如表 5-102、表 5-103 所示。

3)计算合价

将计算出的综合单价填入对应“分部分项工程量清单与计价表”中,并计算出合价,完成表 5-104 的编制。

表 5-102　分部分项工程量清单综合单价分析表

工程名称：招牌装饰工程　　　　第 1 页　共 1 页

<table>
<tr><td>项目编码</td><td colspan="3">011507001001</td><td colspan="2">项目名称</td><td colspan="3">平面招牌</td><td colspan="2">计量单位</td><td>m^2</td></tr>
<tr><td colspan="12">清单综合单价组成明细</td></tr>
<tr><td rowspan="2">定额编号</td><td rowspan="2">定额名称</td><td rowspan="2">定额单位</td><td rowspan="2">数量</td><td colspan="4">单价</td><td colspan="4">合价</td></tr>
<tr><td>人工费</td><td>材料费</td><td>机械费</td><td>管理费和利润</td><td>人工费</td><td>材料费</td><td>机械费</td><td>管理费和利润</td></tr>
<tr><td>15-6-1</td><td>一般木结构龙骨</td><td>10 m^2</td><td>1.00</td><td>373.89</td><td>570.47</td><td>10.12</td><td>185.08</td><td>37.39</td><td>57.05</td><td>1.01</td><td>18.51</td></tr>
<tr><td>15-6-9</td><td>钢龙骨九夹板基层</td><td>10 m^2</td><td>1.00</td><td>94.76</td><td>299.44</td><td>0</td><td>46.91</td><td>9.48</td><td>29.94</td><td>0</td><td>4.69</td></tr>
<tr><td>15-6-12</td><td>铝塑板面层</td><td>10 m^2</td><td>1.00</td><td>162.74</td><td>862.78</td><td>0</td><td>80.56</td><td>16.27</td><td>86.28</td><td>0</td><td>8.06</td></tr>
<tr><td colspan="2">人工单价</td><td colspan="6">小计</td><td>63.14</td><td>173.27</td><td>1.01</td><td>31.26</td></tr>
<tr><td colspan="2">综合工日 103 元/工日</td><td colspan="6">未计价材料费</td><td colspan="4"></td></tr>
<tr><td colspan="8">清单项目综合单价</td><td colspan="4">268.68</td></tr>
<tr><td rowspan="4">材料费明细</td><td colspan="5">主要材料名称、规格、型号</td><td>单位</td><td>数量</td><td>单价（元）</td><td>合价（元）</td><td>暂估单价（元）</td><td>暂估合价（元）</td></tr>
<tr><td colspan="5">（略）</td><td></td><td></td><td></td><td></td><td></td><td></td></tr>
<tr><td colspan="7">其他材料费</td><td>—</td><td></td><td>—</td><td></td></tr>
<tr><td colspan="7">材料费小计</td><td>—</td><td>173.27</td><td>—</td><td>0</td></tr>
</table>

表 5-103　分部分项工程量清单综合单价分析表

工程名称：招牌装饰工程　　　　　　　　　　　　　　　　　　　　第 1 页　共 1 页

项目编码	011508002001			项目名称		有机玻璃字			计量单位		个
清单综合单价组成明细											
定额编号	定额名称	定额单位	数量	单价				合价			
				人工费	材料费	机械费	管理费和利润	人工费	材料费	机械费	管理费和利润
15-7-7	有机玻璃字 ≤ 1 m^2 混凝土墙面	10 个	1.00	815.76	2445.37	0	403.80	81.58	244.54	0	40.38
人工单价		小计						81.58	244.54	0	40.38
综合工日 103 元/工日		未计价材料费									
清单项目综合单价								366.50			
材料费明细	主要材料名称、规格、型号					单位	数量	单价（元）	合价（元）	暂估单价（元）	暂估合价（元）
	（略）										
	其他材料费							—		—	
	材料费小计							—	244.54	—	0

表 5-104　分部分项工程量清单与计价表

工程名称：招牌装饰工程　　　　　　　　　　　　　　　　　　　　第 1 页　共 1 页

序号	项目编码	项目名称	项目特征	计量单位	工程数量	金额（元）		
						综合单价	合价	其中：暂估价
1	011507001001	平面招牌	1.箱体规格：28 m×1.5 m 2.基层材料种类：钢结构龙骨、九夹板基层 3.面层材料种类：塑铝板	m^2	42	268.68	11 284.56	
2	011508002001	有机玻璃字	1.基层类型：塑铝板 2.镌字材料：有机玻璃 3.字体规格：1 m×1 m 4.固定方式：胶粘	个	8	366.50	2 932.00	
	分部小计						14 216.56	

习　题

1.大理石地面设计如图 5-17 所示,图案为圆形,直径为 1 800 mm,大理石块料尺寸为 600 mm×600 mm,1∶2.5 水泥砂浆粘贴。

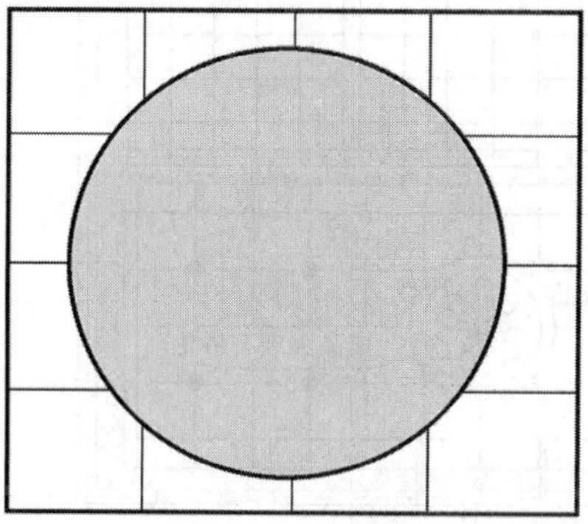

图 5-17　地面图案

任务要求:(1)编制该项目工程量清单。

(2)编制该项目工程量清单计价表。

2.某办公楼楼地面装饰材质布置图如图 5-18 所示。墙厚 240 mm,门洞尺寸:M1:1 800 mm×2 400 mm,M2:1 000 mm×2 100 mm。地面做法:找平层采用 20 mm 厚 1∶3 干硬性水泥砂浆,石材、块料面层结合层采用 20 mm 厚水泥砂浆,地毯采用脚垫固定安装,办公室及大厅四周均采用 15 mm 厚 1∶2 水泥砂浆打底,1∶1 的水泥抹灰砂浆粘贴 150 mm 高米色瓷质踢脚线,会议室四周安装 150 mm 高的硬木踢脚线,采用胶黏剂粘贴在 9 mm 的胶合板上。

任务要求:(1)编制该项目工程量清单。

(2)编制该项目工程量清单计价表。

3.某工程砖外墙面用 1∶2 水泥砂浆粘贴瓷质外墙砖,外墙面砖的型号为 194 mm × 94 mm,灰缝 10 mm,门窗侧壁 100 mm。门窗尺寸分别为:M-1:900 mm×2 000 mm;M-2:1 200 mm ×2 000 mm;M-3:1 000 mm ×2 000 mm;C-1:1 500 mm ×1 500 mm;C-2:1 800 mm×1 500 mm;C-3:3 000 mm×1 500 mm。某工程平面图、立面图如图 5-19 所示。

任务要求:(1)编制该项目工程量清单。

(2)编制该项目工程量清单计价表。

4.某工程平面图见图 5-1,立面图、剖面图如图 5-20、图 5-21 所示,内墙面抹 1∶2 的水泥砂浆底,水泥石灰膏砂浆找平层,麻刀石灰浆面层,共 20 mm 厚。外墙面抹水泥砂浆,底层为 1∶3 水泥砂浆打底 14 mm 厚,面层为 1∶2 水泥砂浆抹面 6 mm 厚;外墙裙 1∶2 水泥抹灰砂浆,做仿毛石面砖,;挑檐仿毛石面砖,厚度与配合比均与定额相同,挑出尺寸 600 mm。C-1:1 500 mm×2 100 mm,C-2:2 400 mm×2 100 mm;M-1:1 500 mm×3 100 mm; M-2:1 000 mm×3 100 mm。

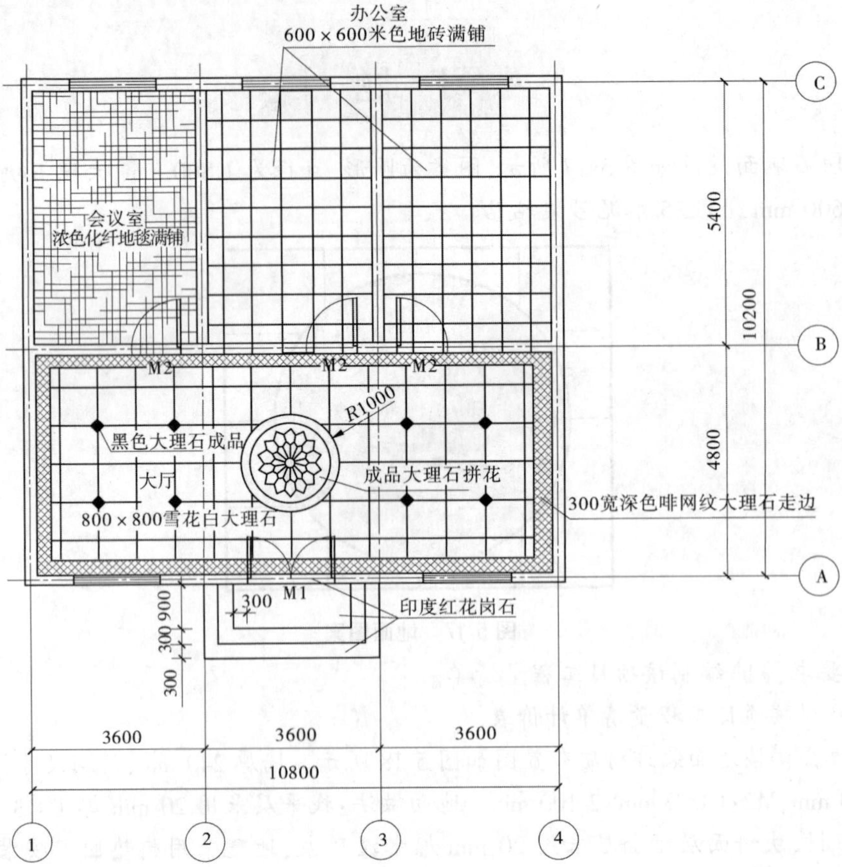

图 5-18　地面装饰材质布置图

任务要求：(1) 编制该项目工程量清单。

(2) 编制该项目工程量清单计价表。

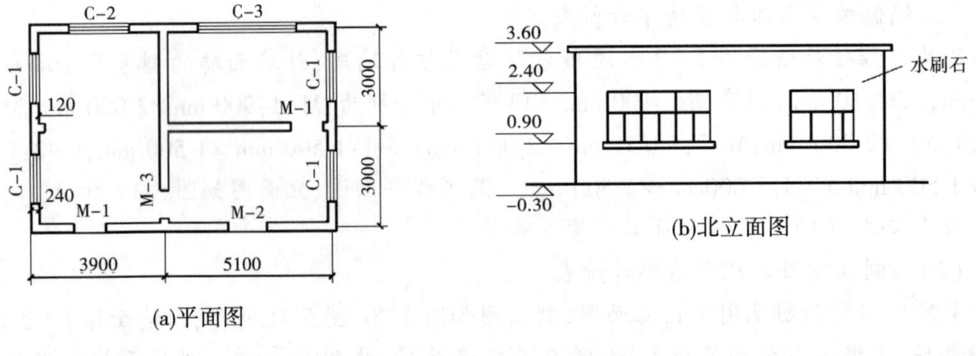

图 5-19　某工程平面图、立面图

5.某酒店包厢天棚平面如图 5-22 所示，设计轻钢龙骨防火板吊顶（龙骨间距 450 mm ×450 mm，不上人），九夹板基层，暗窗帘盒宽 200 mm，墙厚 240 mm。

任务要求：(1) 编制该项目工程量清单。

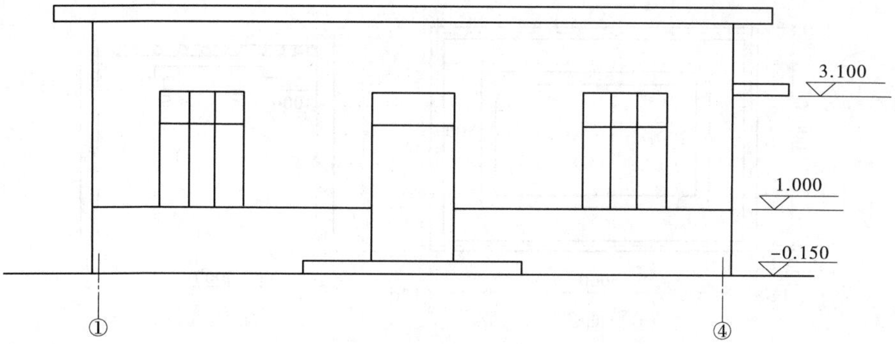

图 5-20　立面图

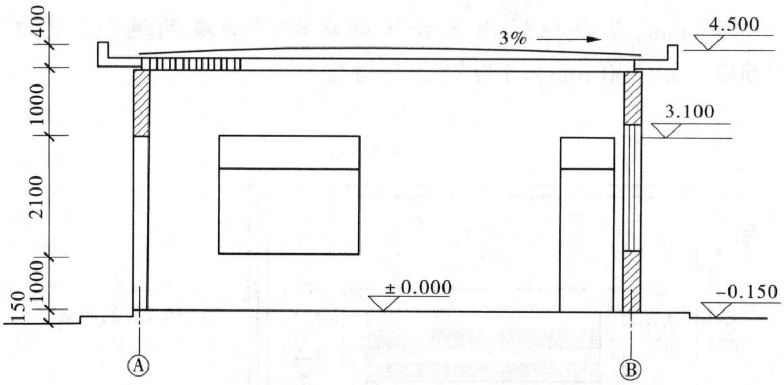

图 5-21　*A*—*A* 剖面图

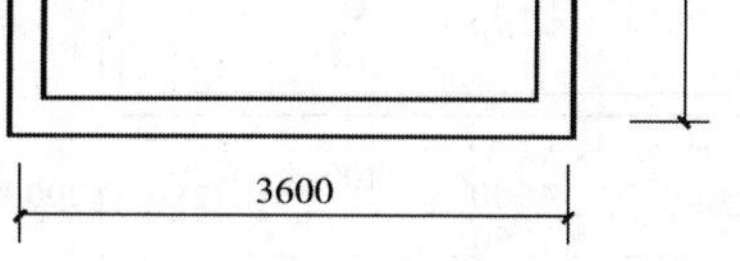

图 5-22　包厢天棚平面图

(2)编制该项目工程量清单计价表。

6.某跌级天棚尺寸如图 5-23 所示,预制钢筋混凝土板下吊双层楞木,面层为 PVC 扣板。任务要求:(1)编制该项目工程量清单。

(2)编制该项目工程量清单计价表。

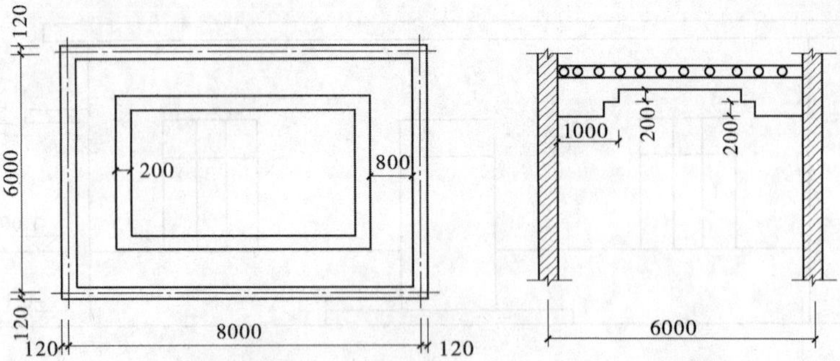

(a)平面图　　(b)剖面图

图 5-23　天棚平面图及剖面图

7.某会议室天棚装饰如图 5-24 所示。龙骨采用装配式 U 形轻钢龙骨,不上人型,龙骨中距 450 mm×450 mm,基层板采用三合板面刷防护油漆两遍,送风口(400 mm×800 mm)及回风口(500 mm×500 mm)均为铝合金材质。

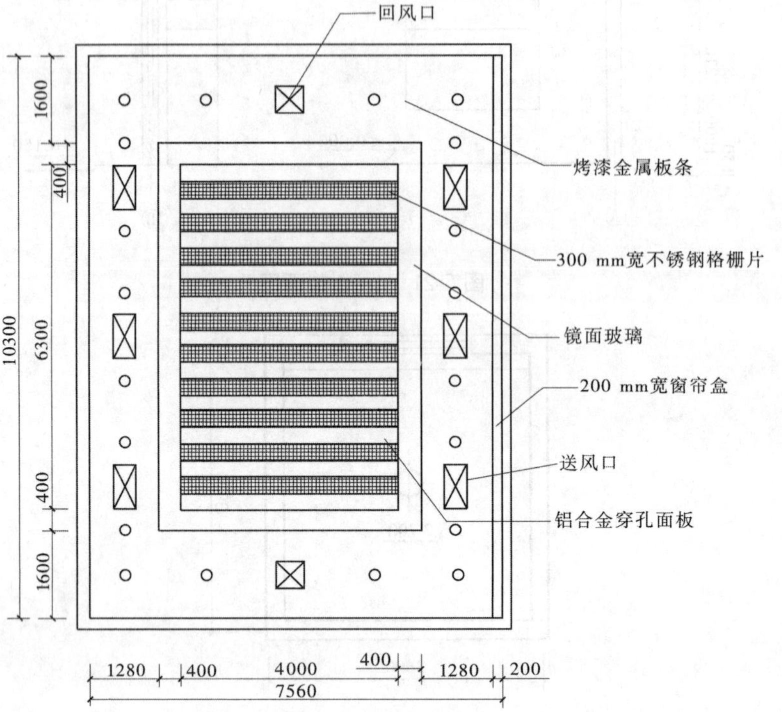

图 5-24　天棚平面布置图

任务要求:(1)编制该项目工程量清单。

(2)编制该项目工程量清单计价表。

8.某宾馆卫生间洗漱台,如图 5-25 所示。采用双孔黑色大理石台面板,台面尺寸 2 200 mm×550 mm;裙边、挡水板均为黑色大理石板,宽度 250 mm,通长设置;墙面设置无框车边玻璃镜，单面镜子尺寸 1 800 mm×900 mm，共两面镜子。试编制该工程工程量清单与计价表。

图 5-25　洗漱台示意图

项目六　清单计价方式装饰工程造价文件编制

【知识目标】

◇掌握计价规范中招标控制价与投标报价编制要求。

◇掌握清单计价文件主要内容及计价表一般格式。

【能力目标】

◇会用清单计价方式编制装饰工程造价文件。

◇快速进入实际工作状态。

任务一　招标控制价编制要求

一、一般规定

(1)国有资金投资的工程建设项目应实行工程量清单招标,招标人应编制招标控制价。

(2)招标控制价超过批准的概算时,招标人应将其报原概算审批部门审核。

(3)投标人的投标报价高于招标控制价的,其投标应予以拒绝。

(4)招标控制价应由具有编制能力的招标人或受其委托具有相应资质的工程造价咨询人编制和复核。

(5)招标控制价应在招标时公布,不应上调或下浮,招标人应将招标控制价及有关资料报送工程所在地工程造价管理机构备查。

二、编制与复核

(1)招标控制价应根据下列依据编制与复核:

①《建设工程工程量清单计价规范》(GB 50500—2013)。

②国家或省级、行业建设主管部门颁发的计价定额和计价办法。

③建设工程设计文件及相关资料。

④拟定的招标文件及招标工程量清单。

⑤与建设项目相关的标准、规范、技术资料。

⑥施工现场情况、工程特点及常规施工方案。

⑦工程造价管理机构发布的工程造价信息;工程造价信息没有发布的,参照市场价。

⑧其他的相关资料。

(2)分部分项工程费应根据拟定的招标文件中的分部分项工程量清单项目的特征描述及有关要求计价,并应符合下列规定:

①综合单价中应包括拟定的招标文件中要求投标人承担的风险费用,拟定的招标文件没有明确的应提请招标人明确。

②拟定的招标文件提供了暂估单价的材料和工程设备,按暂估的单价计入综合单价。

(3)措施项目费应根据拟定的招标文件中的措施项目清单按以下规定计价:

①分部分项工程和措施项目清单应采用综合单价计价。

②措施项目清单中的安全文明施工费应按照国家或省级、行业建设主管部门的规定计价,不得作为竞争性费用。

(4)其他项目费应按下列规定计价:

①暂列金额应按招标工程量清单中列出的金额填写。

②暂估价中的材料、工程设备单价应按招标工程量清单中列出的单价计入综合单价。

③暂估价中的专业工程金额应按招标工程量清单中列出的金额填写。

④计日工应按招标工程量清单中列出的项目根据工程特点和有关计价依据确定综合单价计算。

⑤总承包服务费应根据招标工程量清单列出的内容和要求估算。

(5)规范和税金应按国家或省级、行业建设主管部门的规定计算,不得作为竞争性费用。

任务二　投标报价编制要求

一、一般规定

(1)投标价应由投标人或受其委托,具有相应资质的工程造价咨询人员编制。

(2)除规范中强制性规定外,投标人应根据招标文件及其招标工作量清单自主确定报价成本。

(3)投标报价不得低于工程成本。

(4)投标人应按招标工程量清单填报价格。项目编码、项目名称、项目特征、计量单位、工程量必须与招标工程量清单一致。

(5)投标人可根据工程实际情况,结合施工组织设计对招标人所列的措施项目进行增补。

二、编制与复核

装饰工程工程量清单计价模式投标报价是一个综合过程(见图6-1),它综合了前述各项目的内容。

(1)投标报价应根据下列依据编制和复核:

①《建设工程工程量清单计价规范》(GB 50500—2013)。

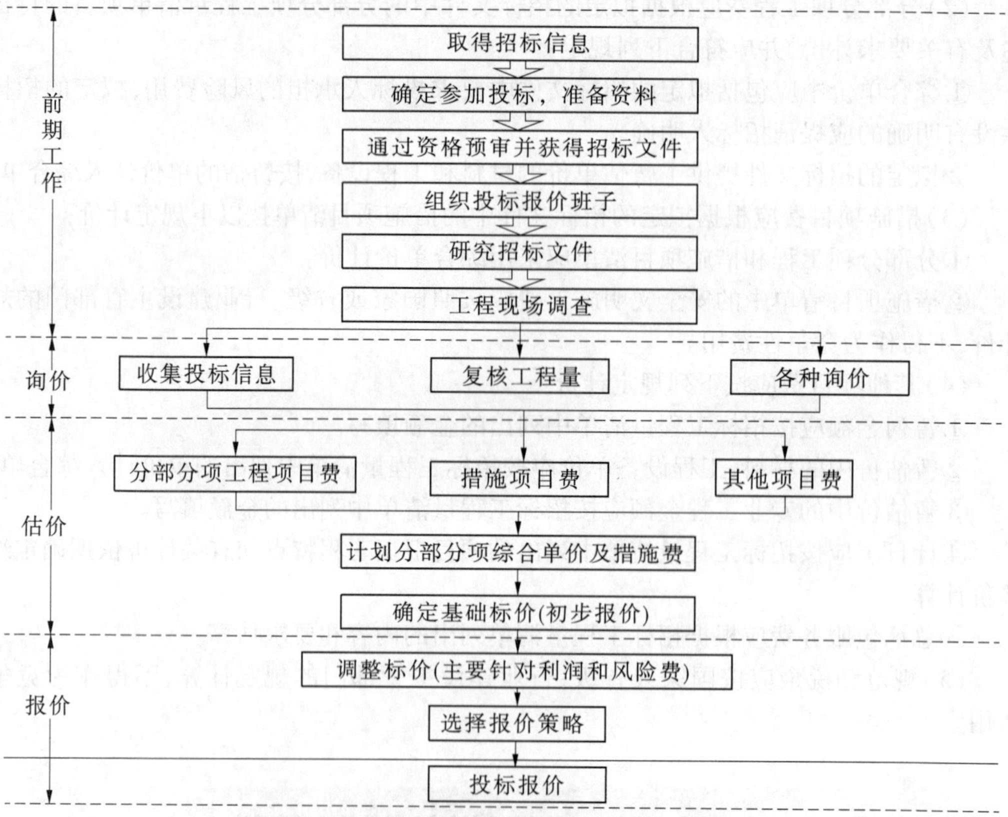

图 6-1　工程量清单计价模式下投标报价程序

②国家或省级、行业建设主管部门颁发的计价办法。

③企业定额，国家或省级、行业建设主管部门颁发的计价定额。

④招标文件、工程量清单及其补充通知、答疑纪要。

⑤建设工程设计文件及相关资料。

⑥施工现场情况，工程特点及拟定的投标施工组织设计或施工方案。

⑦与建设项目相关的标准、规范等技术资料。

⑧市场价格信息或工程造价管理机构发布的工程造价信息。

⑨其他的相关资料。

(2)分部分项工程费应依据招标文件及其招标工程量清单中分部分项工程量清单项目的特征描述确定综合单价计算，并应符合下列规定：

①综合单价中应考虑招标文件中要求投标人承担的风险费用。

②招标工程量清单中提供了暂估单价的材料和工程设备，按暂估的单价记录综合单价。

(3)措施项目费应根据招标文件中的措施项目清单及投标时拟定的施工组织设计或施工方案自主确定。

(4)其他项目费应按下列规定报价：

①暂列金额应按招标工程量清单中列出的金额填写。

②材料、工程设备暂估价应按招标工程量清单中列出的单价计入综合单价。

③专业工程暂估价应按招标工程量清单中列出的金额填写。

④计日工应按招标工程量清单中列出的项目和数量，自主确定综合单价并计算计日工总额。

⑤总承包服务费应根据招标工程量清单中列出的内容和提出的要求自主确定。

(5)规费和税金应按国家或省级、行业建设主管部门的规定计算，不得作为竞争性费用。

(6)招标工程量清单与计价表中列明的所有需要填写的单价和合价的项目，投标人均应填写且只允许有一个报价。未填写单价和合同的项目，视为此项费用已包含在已标价工程量清单中其他项目的单价和合价之中。竣工结算时，此项目不得重新组价予以调整。

(7)投标总价应当与分部分项工程费、措施项目费、其他项目费和规费、税金的合计金额一致。

任务三　工程计价表

(1)工程计价表宜采用统一格式。各省、自治区、直辖市建设行政主管部门和行业建设主管部门可根据本地区、本行业的实际情况，在计价规范的基础上补充完善。

(2)工程计价表格的设置应满足工程计价的需要，方便使用。

(3)工程计价表格格式包括封面、扉页、总说明、总价表、费用汇总表、清单与计价表、综合单价分析表、工料机汇总表等。

(4)工程量清单总说明应按下列内容填写：

①工程概况，包括建设规模、工程特征、计划工期、施工现场实际情况、自然地理条件、环境保护要求等。

②工程招标和专业工程发包范围。

③工程量清单编制依据。

④工程质量、材料、施工等的特殊要求。

⑤其他需要说明的问题。

(5)招标控制价、投标报价总说明应按下列内容填写：

①工程概况，包括建设规模、工程特征、计划工期、合同工期、实际工期、施工现场及变化情况、施工组织设计的特点、自然地理条件、环境保护要求等。

②编制依据等。

(6)投标人应按招标文件的要求，附工程量清单综合单价分析表。

【实战演练6-1】　某商务楼工程，门窗表见表6-1，施工图见图6-2～图6-9。装饰做法见装饰设计说明和施工图纸。商务楼装饰做法中如涂料外墙面(外墙9)的详细做法需要查阅《山东省建筑标准图集》(L06J002)。

表 6-1　门窗表

编号	洞口尺寸(mm)		数量	采用图集		备注
	宽度	高度		图集号	编号	
M－1	2 380	2 400	2	防火卷帘门		甲方自理
M－2	900	2 100	38	L92J601 夹板门	M2－59	
M－3	1 200	2 100	8		M2－313	
M－4	700	2 100	10		M2－12	
M－5	770	2 100	4		M2－59	
M－6	880	2 100	4		M2－59	
M－7	900	2 100	1		PM－93	
C－1	1 500	1 500	50	L99J605 塑钢门窗	TC－23	首层窗台高 500 其余 900
C－2	3 020	2 700	10		HTC－47	窗台 50 素混凝土
C－3	2 400	2 700	6		HTC－45	

建筑设计说明

一、建筑物室内标高 ±0.000 之绝对标高现场确定。图中尺寸以 mm 为单位，标高以 m 为单位。

二、墙体

采用蒸压加气混凝土砌块，室内坪以下采用 M10 水泥砂浆砌筑；以上采用 M7.5 混合砂浆砌筑。

三、屋面做法

1. 上人保温屋面按《山东省建筑标准设计图集》(L06J002)屋 22，采用以下选项：隔离层选用沥青玻璃布，防水层选用改性沥青，选用聚氨酯发泡保温层 40。

2. 楼梯顶防水屋面：1∶3水泥砂浆找平层；改性沥青卷材防水层；防水砂浆面层。

四、装修做法

1. 外墙面：涂料外墙面(外墙 9)，采用丙烯酸外墙涂料。

2. 内墙面：混合砂浆墙面(内墙 4)；卫生间贴 200×300 彩釉面砖到顶棚(内墙 31)

3. 顶棚：水泥砂浆涂料顶棚(棚 3)；卫生间采用轻钢龙骨 PVC 扣板(棚 15)，高 2 500。

4. 内墙涂料：刮腻子两遍，乳胶漆两遍。

5. 地面：素土夯实，垫层 C15 素混凝土 60 厚。

　库房：1∶2水泥砂浆 20 厚(地 1)；水泥砂浆踢脚 150(踢 1)。

　大厅：地面砖 400×400(地 14)；彩釉砖踢脚 150(踢 5)。

6. 楼面：

　办公室：大理石 800×800(楼 19)；彩釉砖踢脚 150(踢 5)。

　大厅：地面砖 400×400 防水楼面(楼 18)；彩釉砖踢脚 150(踢 5)。

　卫生间：地面砖 300×300 防水楼面(楼 18)。

7. 楼梯踏步：1∶2水泥砂浆找平 20 厚；3 厚水泥胶结合层面贴瓷质梯级砖面。

五、门窗五金及玻璃

木门为夹板门，弹子门锁；木门油奶黄色调和漆一底二面。

窗均为 90 系列塑钢推拉窗，5 厚玻璃。C－1 窗台 900，C－2，C－3 落地安装。

六、其他

1. 木构件与气体接触部分涂沥青防腐。

2. 外露预埋铁件均为刷红丹防锈漆二道，面油银粉二道。

3. 栏杆安装时严格焊接以确保牢固并将焊接缝打磨平整。

4. C1 窗台处现浇 C20 混凝土 60 厚长度为(窗宽 +2×60)，内配 3 Φ 6 通长钢筋，分布筋 Φ 6 @300。

七、本说明未提及未详之处按国家现行规范施工。

商务楼	建施 01
	建筑设计说明

图 6-2　建筑设计说明

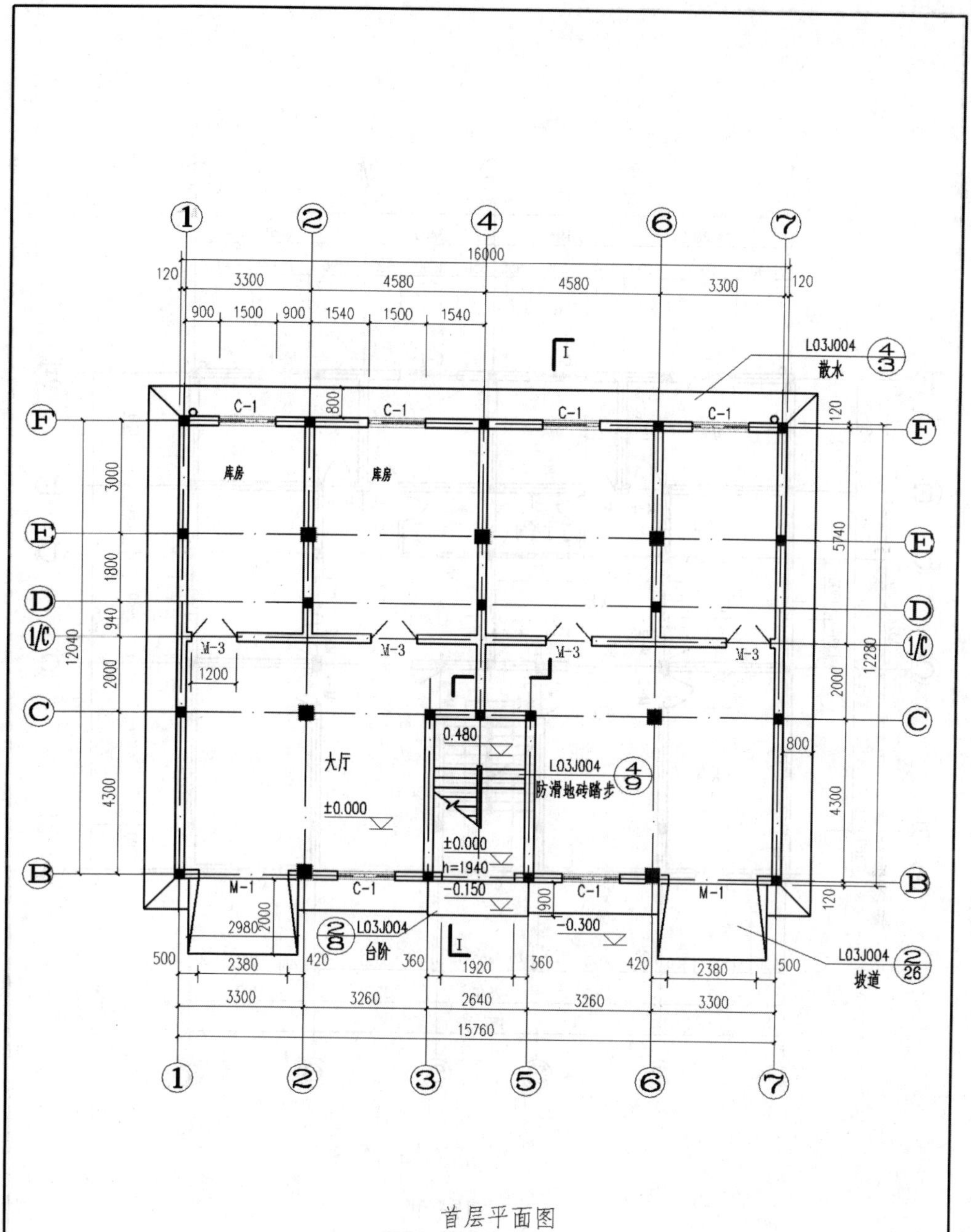
16000
120
3300
4580
4580
3300
120
900
1500
900
1540
1500
1540
L03J004
散水
库房
库房
C-1
大厅
±0.000
0.480
L03J004
防滑地砖踏步
h=1940
-0.150
-0.300
M-1
M-3
L03J004
台阶
L03J004
坡道
12040
12280
5740
3300
3260
2640
3260
3300
15760
首层平面图
(墙厚240)
商务楼
建施02
首层平面图

图 6-3　首层平面图

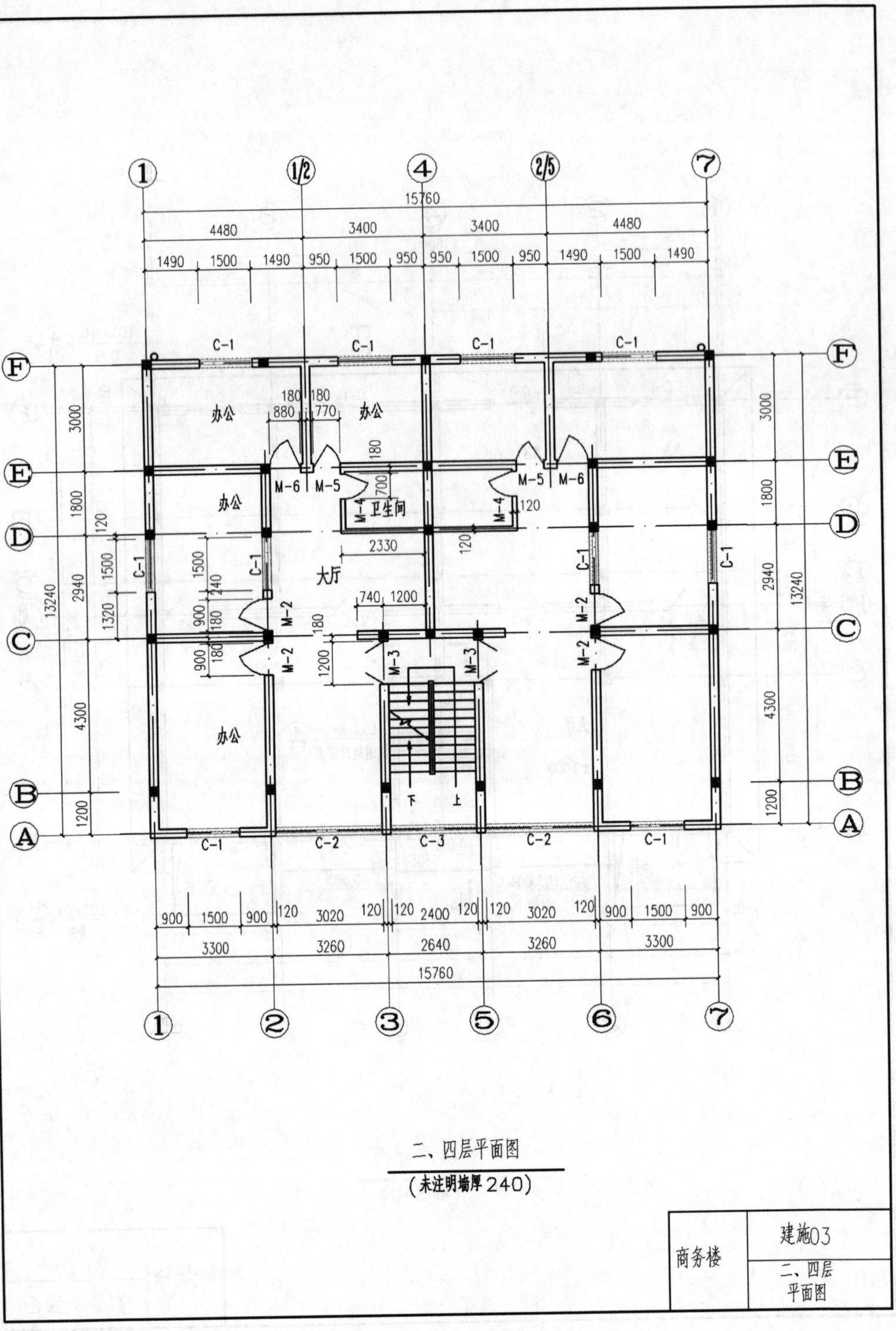
办公
办公
卫生间
大厅
办公
M-1
M-2
M-3
M-4
M-5
M-6
C-1
C-2
C-3
下
上
15760
4480
3400
3400
4480
13240
二、四层平面图
(未注明墙厚240)
商务楼
建施03
二、四层
平面图

图6-4　二、四层平面图

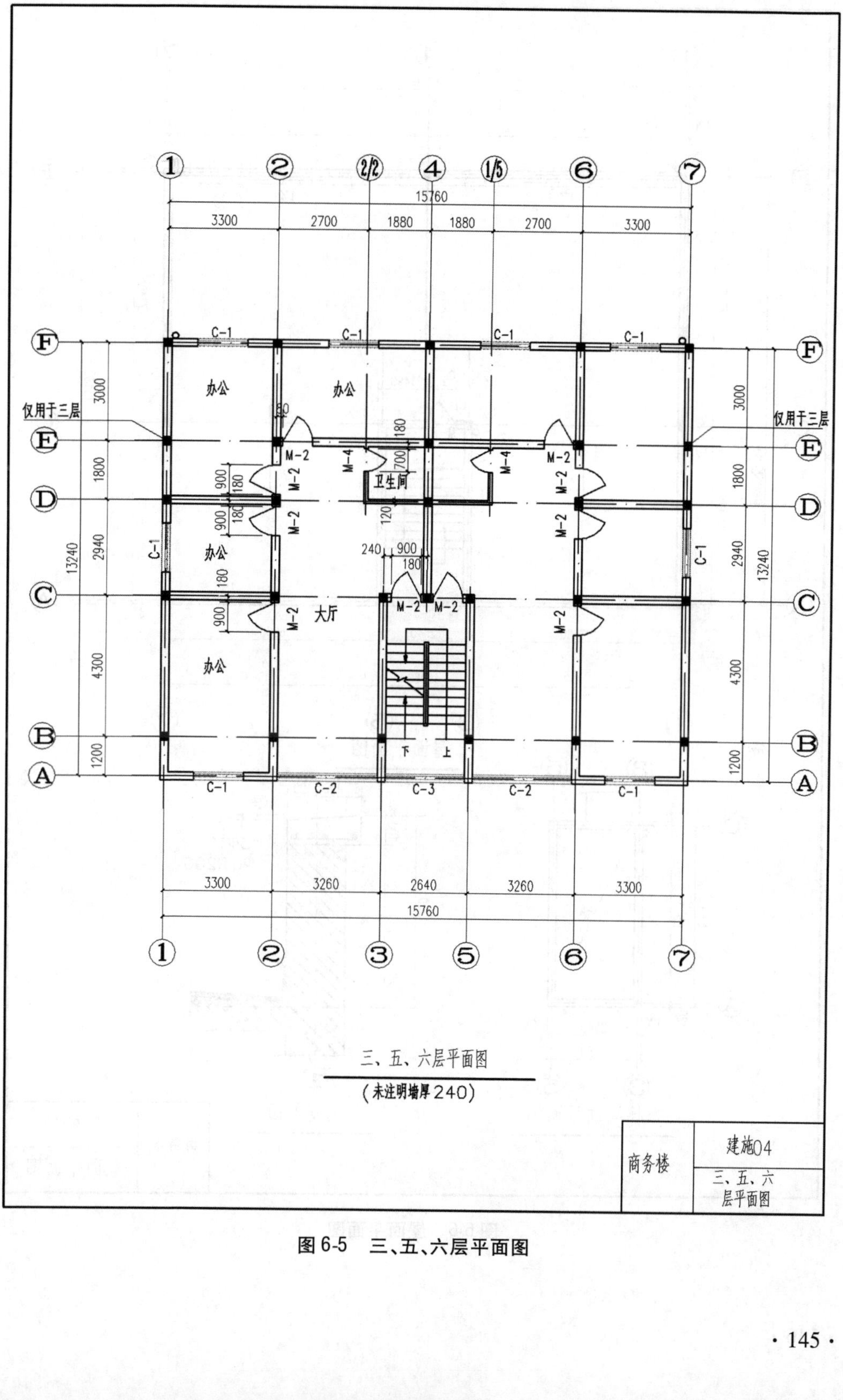
15760
3300
2700
1880
1880
2700
3300
C-1
办公
仅用于三层
M-2
M-4
卫生间
大厅
C-2
C-3
下
上
3260
2640
13240
三、五、六层平面图
(未注明墙厚240)
商务楼
建施04
三、五、六层平面图

图 6-5　三、五、六层平面图

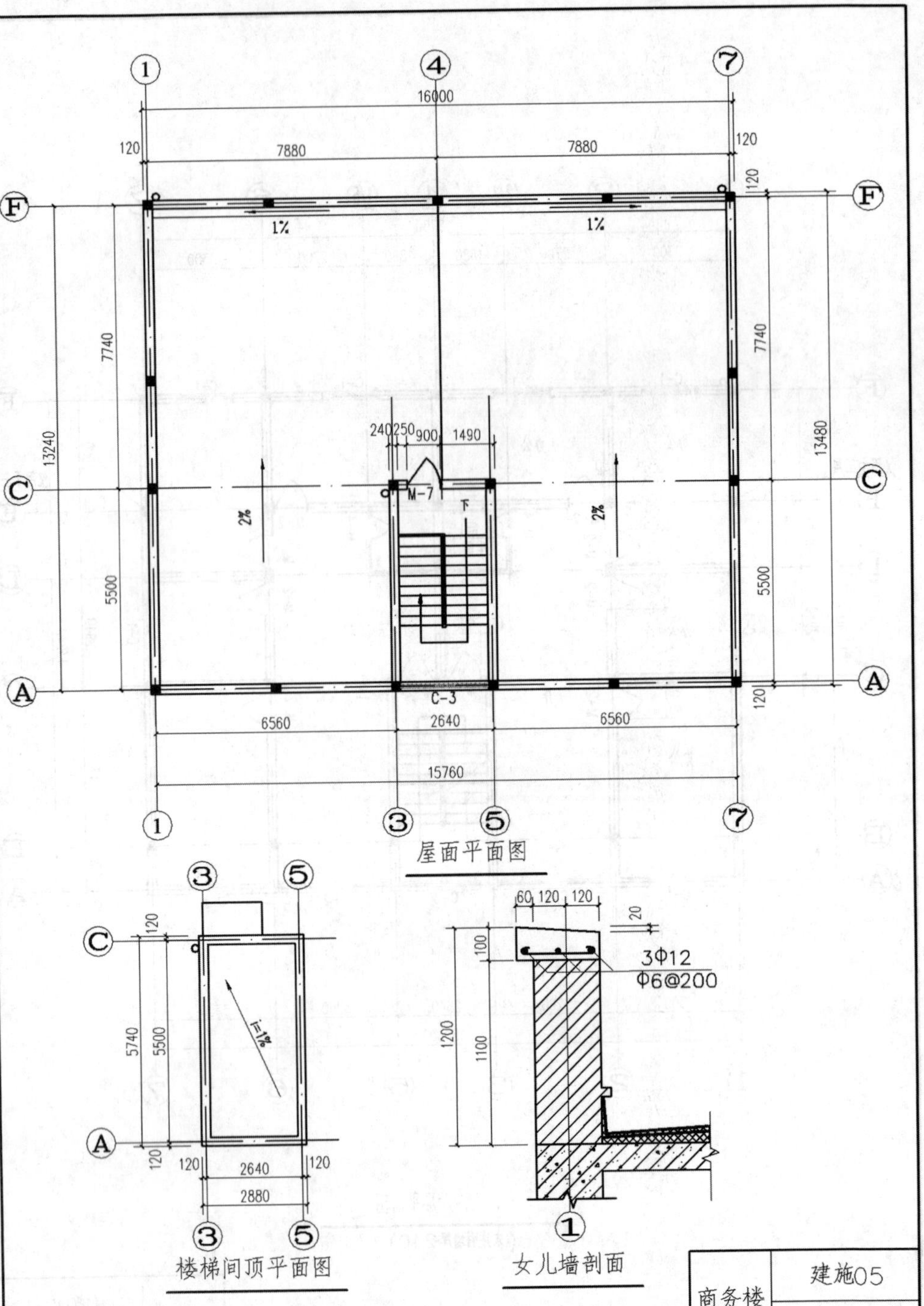
16000
120
7880
7880
120
1%
1%
7740
13240
5500
240 250 900 1490
M-7
2%
2%
C-3
6560
2640
6560
15760
13480
屋面平面图
120
5740
5500
i=1%
120 2640 120
2880
楼梯间顶平面图
60 120 120
20
100
3Φ12
Φ6@200
1200
1100
女儿墙剖面
商务楼
建施05
屋面平面图

图 6-6　屋面平面图

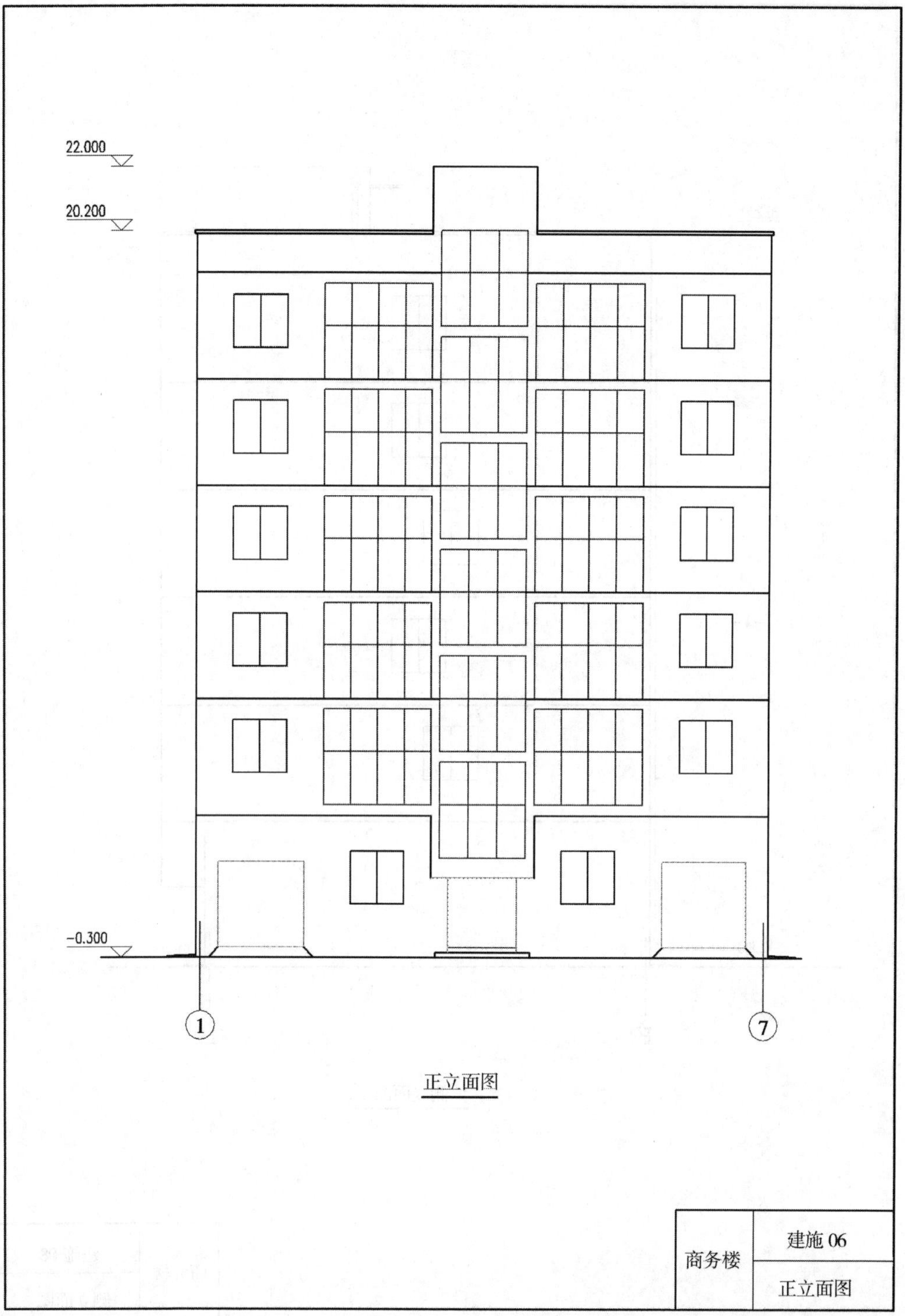

图 6-7　正立面图

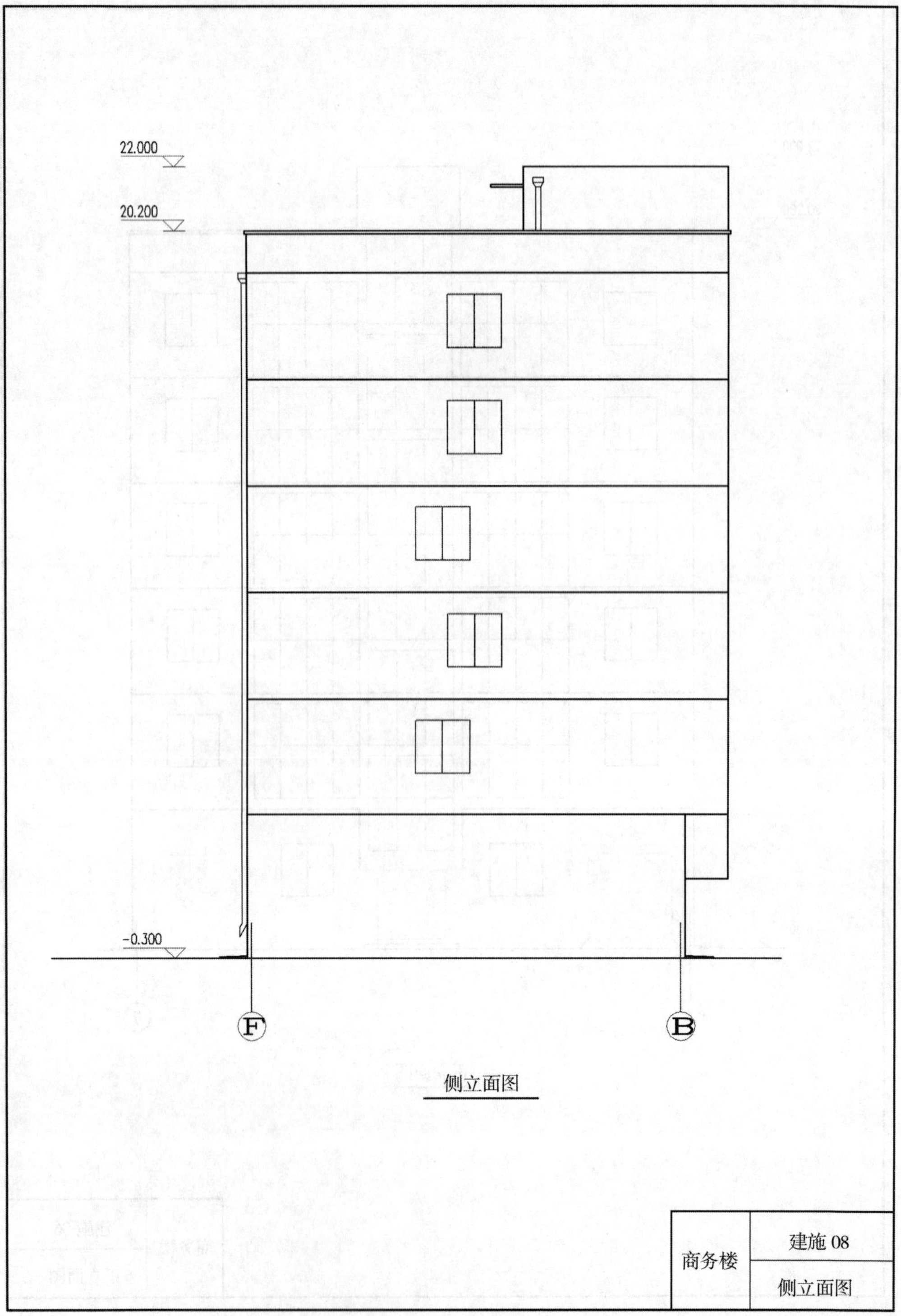

图 6-8　侧立面图

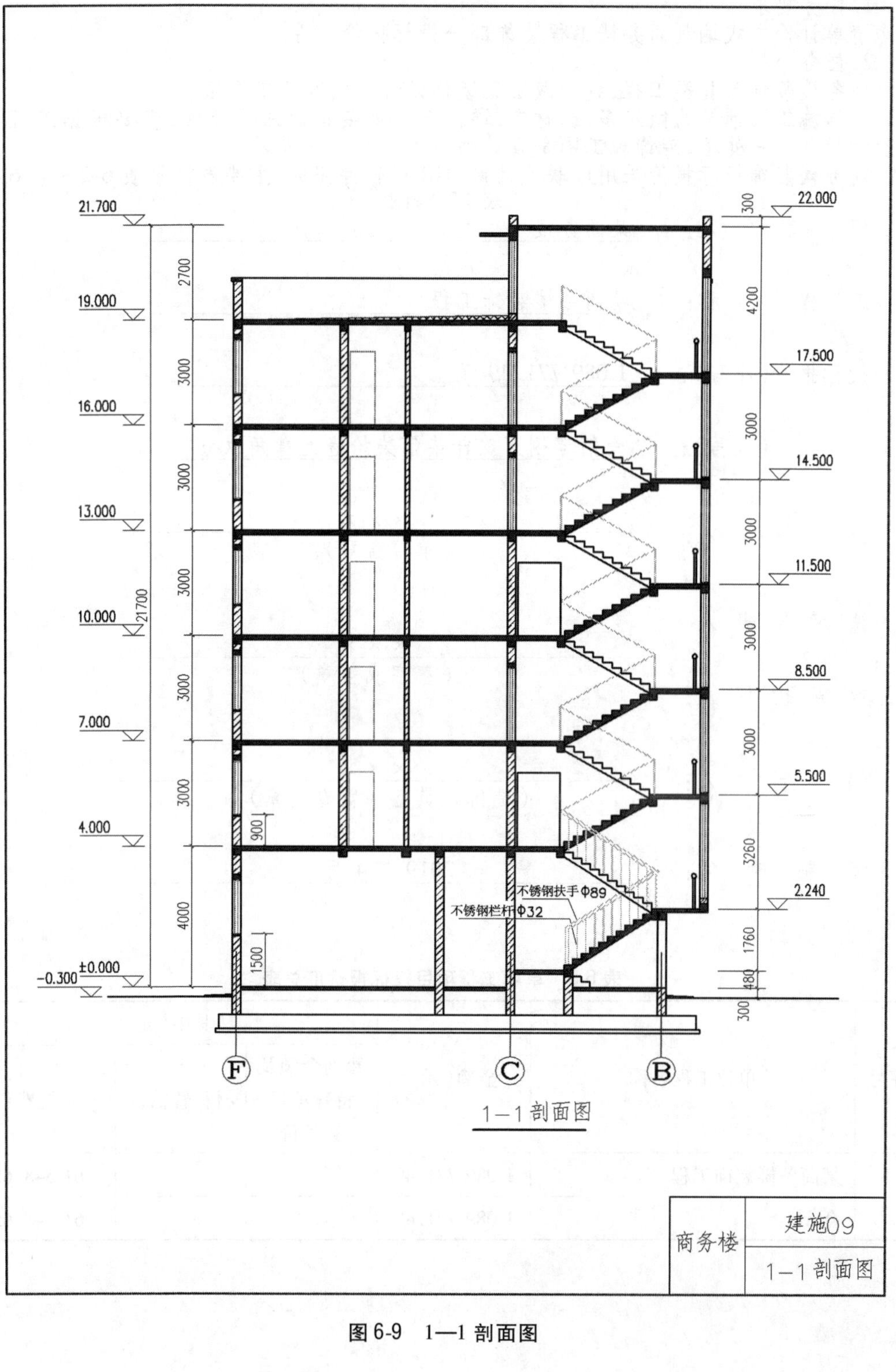
21.700
19.000
16.000
13.000
10.000
7.000
4.000
±0.000
-0.300
2700
3000
3000
3000
3000
3000
4000
900
1500
21700
22.000
17.500
14.500
11.500
8.500
5.500
2.240
300
4200
3000
3000
3000
3000
3260
1760
480
300
不锈钢扶手Φ89
不锈钢栏杆Φ32
F
C
B
1—1剖面图
商务楼
建施09
1—1剖面图

图 6-9 1—1 剖面图

1. 任务要求

清单计价方式编制商务楼工程装饰部分投标报价文件。

2. 任务分析

商务楼装饰为Ⅱ类工程，装饰做法见装饰设计说明和施工图纸。

装饰施工图涉及的做法多，选材广，详图多。如装饰做法不详细，需要根据工程经验由设计师和用户处理，装饰施工图是设计师与用户的共同成果。

商务楼装饰投标报价采用广联达计价"GBQ"软件完成，主要表格见表6-2～表6-11。

表6-2 封皮

招　　标　　人：　某商务楼

工　程　名　称：　某商务楼装饰工程

投标报价(小写)：　1 089 771.49 元

(大写)：　壹佰零捌万玖仟柒佰柒拾壹元肆角玖分

投　　标　　人：　×××
(单位盖章)

法 定 代 表 人
或 其 授 权 人：　×××
(签字或盖章)

编　　制　　人：　×××
(造价人员签字盖专用章)

编 制 时 间：　2019 年 4 月

表6-3　单项工程项目投标报价汇总表

序号	单位工程名称	金额(元)	其中(元)		
			暂列金额及特殊项目暂估价	材料暂估价	规费
1	某商务楼装饰工程	1 089 771.49			61 548.65
	合 计	1 089 771.49			61 548.65

表 6-4　单位工程投标报价汇总表

序号	项目名称	金额(元)	其中:材料暂估价(元)
一	分部分项工程费	917 461.02	
二	措施项目费	20 780.69	
2.1	单价措施项目		
2.2	总价措施项目	20 780.69	
三	其他项目费		
3.1	暂列金额		
3.2	专业工程暂估价		
3.3	特殊项目暂估价		
3.4	计日工		
3.5	采购及保管费		
3.6	其他检验试验费		
3.7	总承包服务费		
3.8	其他		
四	规费	61 548.65	
五	设备费		
六	税金	89 981.13	
投标报价合计 = 一 + 二 + 三 + 四 + 五 + 六		1 089 771.49	

表 6-5　分部分项工程清单与计价表

序号	项目编码	项目名称	计量单位	工程数量	金额(元)		
					综合单价	合价	其中:暂估价
1	010801001001	木质门	m^2	120.54	1 258.32	151 677.89	
2	010802001001	金属(塑钢)门	m^2	1.89	367.88	695.29	
3	010803002001	防火卷帘(闸)门	m^2	11.42	609.7	6 962.77	
4	010807001001	金属(塑钢、断桥)窗	m^2	232.92	261.87	60 994.76	
5	011101001001	水泥砂浆楼地面	m^2	81.4	70.09	5 705.33	
6	011102001001	石材楼地面	m^2	505.87	267.21	135 173.52	
7	011102003001	块料楼地面	m^2	328.47	217.66	71 494.78	
8	011102003002	块料楼地面	m^2	36	218.32	7 859.52	
9	011102003003	块料楼地面	m^2	82.34	186.31	15 340.77	

续表 6-5

序号	项目编码	项目名称	计量单位	工程数量	金额(元)		
					综合单价	合价	其中：暂估价
10	011105001001	水泥砂浆踢脚线	m^2	10.37	74.19	769.35	
11	011105003001	块料踢脚线	m^2	124.67	205.89	25 668.31	
12	011106002001	块料楼梯面层	m^2	75.17	249.11	18 725.6	
13	011107002001	块料台阶面	m^2	0.62	213.42	132.32	
14	011107004001	水泥砂浆台阶面	m^2	2.45	74.86	183.41	
15	011201001001	墙面一般抹灰	m^2	1 006.84	49.64	49 979.54	
16	011201001002	墙面一般抹灰	m^2	2 786.72	41.07	114 450.59	
17	011203001001	零星项目一般抹灰	m^2	21.96	163.25	3 584.97	
18	011204003001	块料墙面	m^2	194.25	113.49	22 045.43	
19	011301001001	天棚抹灰	m^2	1 149.82	36.38	41 830.45	
20	011302001001	吊顶天棚	m^2	35.8	123.49	4 420.94	
21	011401001001	木门油漆	m^2	120.54	53.18	6 410.32	
22	011407001001	墙面喷刷涂料	m^2	1 006.84	24.65	24 818.61	
23	011407001002	墙面喷刷涂料	m^2	2 786.72	32.82	91 460.15	
24	011407002001	天棚喷刷涂料	m^2	1 149.82	35.79	41 152.06	
25	011503001001	金属扶手、栏杆、栏板	m	47.2	337.38	15 924.34	
合计						917 461.02	

表 6-6　工程量清单综合单价分析表

序号	项目编码	项目名称	单位	工程量	综合单价组成(元)					综合单价(元)
					人工费	材料费	机械费	计费基础	管理费和利润	
1	010801001001	木质门	m^2	120.54	113.09	1 057.93	0.78	113.09	86.52	1 258.32
	8－1－1	单独木门框制作安装	10 m	12.054	11.11	16.7	0.24	11.11	8.5	36.55
	15－9－12	造型夹板门扇制作 门扇木骨架	10 m^2	12.054	51.84	24.81		51.84	39.66	116.31
	15－9－14	造型夹板门扇制作 门扇基层板 九夹板	10 m^2	12.054	7.8	36.27	0.36	7.8	5.97	50.39

续表 6-6

序号	项目编码	项目名称	单位	工程量	综合单价组成(元)					综合单价(元)
					人工费	材料费	机械费	计费基础	管理费和利润	
	15-9-16	造型夹板门扇制作 门扇面层板 装饰木夹板	10 m²	12.054	6.6	31.5	0.19	6.6	5.05	43.33
	15-9-17	成品门扇安装	10 扇	6.4	13.7	910.8		13.7	10.48	934.98
	15-9-22	门扇五金配件安装 L 形执手插锁安装	10 个	6.4	20.64	29.47		20.64	15.79	65.9
	15-9-28	门扇五金配件安装 门吸安装	10 个	6.4	1.4	8.39		1.4	1.07	10.87
2	010802001001	金属(塑钢)门	m²	1.89	36.3	303.81		36.3	27.77	367.88
	8-2-4	塑钢平开门	10 m²	0.189	36.3	303.81		36.3	27.77	367.88
3	010803002001	防火卷帘(闸)门	m²	11.42	34.66	548.52		34.66	26.52	609.7
	8-2-7	钢质防火门	10 m²	1.1424	34.66	548.52		34.66	26.52	609.7
4	010807001001	金属(塑钢、断桥)窗	m²	232.92	24.75	218.19		24.75	18.93	261.87
	8-7-6	塑钢推拉窗	10 m²	23.292	24.75	218.19		24.75	18.93	261.87
5	011101001001	水泥砂浆楼地面	m²	81.4	17.36	38.95	0.5	17.36	13.28	70.09
	2-1-28	C15 无筋混凝土垫层	10 m³	0.488 4	5.48	26.61	0.04	5.48	4.19	36.31
	11-2-1	水泥砂浆 楼地面 20 mm	10 m²	8.14	11.88	12.34	0.46	11.88	9.09	33.77
6	011102001001	石材楼地面	m²	505.87	36.19	201.33	2.01	36.19	27.68	267.21
	11-1-1 换	水泥砂浆 在混凝土或硬基层上 20 mm 实际厚度(mm):30	10 m²	50.289 6	10.98	13.43	0.68	10.98	8.4	33.49
	11-3-1	石材块料 楼地面 水泥砂浆 不分色	10 m²	50.608 2	25.21	187.9	1.33	25.21	19.29	233.73
7	011102003001	块料楼地面	m²	328.47	54.16	119.77	2.3	54.16	41.43	217.66
	11-1-1	水泥砂浆 在混凝土或硬基层上 20 mm	10 m²	31.795 88	8.83	8.96	0.44	8.83	6.75	24.98
	9-2-51 + 9-2-53	聚合物水泥防水涂料 厚 1 mm 平面 实际厚度(mm):1.5	10 m²	31.795 88	3.19	29.67		3.19	2.44	35.31
	11-1-1 换	水泥砂浆 在混凝土或硬基层上 20 mm 实际厚度(mm):30	10 m²	31.795 88	10.69	13.08	0.66	10.69	8.18	32.61

续表 6-6

序号	项目编码	项目名称	单位	工程量	综合单价组成（元）					综合单价（元）
					人工费	材料费	机械费	计费基础	管理费和利润	
	11－3－28	楼地面 水泥砂浆 周长≤1 600 mm	10 m²	32.862 68	31.46	68.07	1.19	31.46	24.06	124.77
8	011102003002	块料楼地面	m²	36	57.18	115.19	2.21	57.18	43.74	218.32
	9－2－51＋9－2－53	聚合物水泥防水涂料 厚1 mm 平面 实际厚度(mm):1.5	10 m²	3.580 2	3.28	30.48		3.28	2.51	36.28
	11－1－1	水泥砂浆 在混凝土或硬基层上 20 mm	10 m²	3.580 2	9.07	9.2	0.46	9.07	6.94	25.67
	11－1－1 换	水泥砂浆 在混凝土或硬基层上 20 mm 实际厚度(mm): 30	10 m²	3.580 2	10.98	13.44	0.68	10.98	8.4	33.5
	11－3－27	楼地面 水泥砂浆 周长≤1 200 mm	10 m²	3.601 2	33.85	62.06	1.07	33.85	25.9	122.88
9	011102003003	块料楼地面	m²	82.34	45.92	103.58	1.68	45.92	35.13	186.31
	2－1－28	C15 无筋混凝土垫层	10 m³	0.487 46	5.41	26.25	0.04	5.41	4.13	35.83
	11－1－1	水泥砂浆 在混凝土或硬基层上 20 mm	10 m²	8.124 48	9	9.13	0.45	9	6.88	25.46
	11－3－28	楼地面 水泥砂浆 周长≤1 600 mm	10 m²	8.253 36	31.51	68.19	1.19	31.51	24.11	125.01
10	011105001001	水泥砂浆踢脚线	m²	10.37	38.51	5.93	0.29	38.51	29.46	74.19
	11－2－5 换	水泥砂浆踢脚线 12 mm 换为水泥抹灰砂浆 1:2.5	10 m	7.396	38.51	5.93	0.29	38.51	29.46	74.2
11	011105003001	块料踢脚线	m²	124.67	65.16	89.71	1.17	65.16	49.85	205.89
	11－3－45 换	地板砖 踢脚板 直线形 水泥砂浆 换为水泥抹灰砂浆 1:2.5	10 m²	12.467 17	65.16	89.71	1.17	65.16	49.85	205.89
12	011106002001	块料楼梯面层	m²	75.17	72.48	117.61	3.57	72.48	55.45	249.11
	11－1－1 换	水泥砂浆 在混凝土或硬基层上 20 mm 换为水泥抹灰砂浆 1:2	10 m²	7.516 8	9.12	10.24	0.46	9.12	6.98	26.79
	11－3－41	地板砖 楼梯 水泥砂浆	10 m²	7.516 8	63.36	107.37	3.11	63.36	48.47	222.31
13	011107002001	块料台阶面	m²	0.62	52.77	117.13	3.15	52.78	40.37	213.42

续表 6-6

序号	项目编码	项目名称	单位	工程量	综合单价组成(元)					综合单价(元)
					人工费	材料费	机械费	计费基础	管理费和利润	
	11-3-43	地板砖 台阶 水泥砂浆	10 m^2	0.062 4	52.77	117.13	3.15	52.78	40.37	213.42
14	011107004001	水泥砂浆台阶面	m^2	2.45	32.61	16.62	0.68	32.61	24.95	74.86
	11-2-3 换	水泥砂浆 台阶 20 mm 换为水泥抹灰砂浆 1:2.5	10 m^2	0.244 8	32.61	16.62	0.68	32.61	24.95	74.86
15	011201001001	墙面一般抹灰	m^2	1 006.84	20.76	12.28	0.72	20.76	15.88	49.64
	12-1-4 + 12-1-16	水泥砂浆(厚 9 mm + 6 mm) 混凝土墙(砌块墙) 水泥抹灰砂浆 1:3 实际厚度(mm):10	10 m^2	100.684 22	16.92	8.08	0.43	16.92	12.94	38.38
	12-1-16 换	水泥砂浆 抹灰层每增减 1 mm 换为水泥抹灰砂浆 1:2.5	10 m^2	805.473 76	3.84	4.2	0.29	3.84	2.94	11.26
16	011201001002	墙面一般抹灰	m^2	2 786.72	17.64	9.32	0.61	17.64	13.5	41.07
	12-1-10 换	混合砂浆(厚 9 mm + 6 mm) 混凝土墙(砌块墙) 水泥石灰抹灰砂浆 1:0.5:3 实际厚度(mm):14 水泥石灰抹灰砂浆 1:1:6 实际厚度(mm): 7 换为水泥石灰抹灰砂浆 1:0.3:3	10 m^2	278.671 68	17.64	9.32	0.61	17.64	13.49	41.06
17	011203001001	零星项目一般抹灰	m^2	21.96	87.35	8.62	0.46	87.35	66.82	163.25
	12-1-6 + 12-1-16	水泥砂浆(厚 9 mm + 6 mm) 零星项目 水泥抹灰砂浆 1:3 实际厚度(mm):10	10 m^2	2.195 84	86.87	8.08	0.43	86.87	66.46	161.84
	12-1-16	水泥砂浆 抹灰层每增减 1 mm	10 m^2	2.195 84	0.48	0.54	0.04	0.48	0.37	1.42
18	011204003001	块料墙面	m^2	194.25	42.36	37.83	0.9	42.36	32.4	113.49
	12-2-23	水泥砂浆粘贴瓷砖 边长 200 mm × 300 mm 墙面、墙裙	10 m^2	19.425	42.36	37.83	0.9	42.36	32.41	113.5
19	011301001001	天棚抹灰	m^2	1 149.82	16.92	6.22	0.29	16.92	12.95	36.38

续表 6-6

序号	项目编码	项目名称	单位	工程量	综合单价组成(元)					综合单价(元)
					人工费	材料费	机械费	计费基础	管理费和利润	
	13-1-2 换	混凝土面天棚 水泥砂浆(厚 5 mm + 3 mm) 水泥抹灰砂浆 1:2实际厚度(mm):7 换为水泥抹灰砂浆 1:2.5	10 m^2	114.981 85	16.92	6.22	0.29	16.92	12.94	36.37
20	011302001001	吊顶天棚	m^2	35.8	35.4	58.29	2.71	35.4	27.09	123.49
	13-2-13	不上人型装配式 U 形轻钢天棚龙骨(网格尺寸 600 mm × 600 mm)平面	10 m^2	3.580 2	21	23.99	2.71	21	16.07	63.77
	13-3-30	PVC 扣板	10 m^2	3.580 2	14.4	34.3		14.4	11.02	59.72
21	011401001001	木门油漆	m^2	120.54	25.2	8.7		25.2	19.28	53.18
	14-1-1	调和漆 刷底油一遍、调和漆两遍 单层木门	10 m^2	12.054	25.2	8.7		25.2	19.28	53.18
22	011407001001	墙面喷刷涂料	m^2	1 006.84	6.6	13		6.6	5.05	24.65
	14-3-30	外墙面丙烯酸外墙涂料(一底二涂)毛面	10 m^2	100.684 22	6.6	13		6.6	5.05	24.65
23	011407001002	墙面喷刷涂料	m^2	2 786.72	8.52	17.78		8.52	6.52	32.82
	14-3-7	室内乳胶漆两遍 墙、柱面 光面	10 m^2	278.671 68	4.56	4.3		4.56	3.49	12.35
	14-4-9	满刮成品腻子 内墙抹灰面 两遍	10 m^2	278.671 68	3.96	13.48		3.96	3.03	20.47
24	011407002001	天棚喷刷涂料	m^2	1 149.82	10.08	18		10.08	7.71	35.79
	14-3-9	室内乳胶漆两遍 天棚	10 m^2	114.981 85	5.64	4.53		5.64	4.31	14.48
	14-4-11	满刮成品腻子 天棚抹灰面 两遍	10 m^2	114.98 185	4.44	13.48		4.44	3.4	21.31
25	011503001001	金属扶手、栏杆、栏板	m	47.2	49.08	245.6	5.15	49.08	37.55	337.38
	15-3-3	不锈钢管扶手 不锈钢栏杆	10 m	4.719 73	49.08	245.6	5.15	49.08	37.54	337.38

表 6-7　材料汇总表

序号	材料编码	材料名称及规格	单位	数量	单价(元)	合价(元)	备注
1	01000017	吊筋	kg	12.51	3.64	45.55	
2	01610003	钍钨棒	kg	2.69	390.58	1 050.76	
3	02090013	塑料薄膜	m^2	94.02	1.82	171.11	
4	02270003	白布	m^2	2.5	5.89	14.72	
5	02270019	棉纱	kg	14.89	6.95	103.49	
6	02290019	麻袋布	m^2	111.34	2.76	307.29	
7	02330005	草袋	m^2	0.8	4.72	3.76	
8	03010001	地脚	个	1 076.98	1.38	1 486.23	
9	03010023	螺钉	100 个	220.85	4.09	903.28	
10	03010511	六角螺栓	kg	0.66	10.18	6.67	
11	03010763	木螺丝	个	1 566.72	0.06	94	
12	03010783	自攻螺丝镀锌(4～6)×(10～16)	100 个	5.98	2.43	14.53	
13	03010795	膨胀螺栓 M8	套	1 076.98	0.28	301.55	
14	03030501	执手锁	把	64.64	54.95	3 551.97	
15	03030905	铜合页	副	193.92	10.74	2 082.7	
16	03110143	石料切割锯片	片	6.36	66.97	425.85	
17	03110183	砂纸	张	2 671.74	0.44	1 175.56	
18	03130145	低合金钢焊条 E43 系列	kg	4.98	10.3	51.29	
19	03130301	不锈钢焊丝	kg	5.99	29.97	179.64	
20	03150119	气动排钉 F10	100 个	54.24	4.75	257.65	
21	03150121	气动排钉 F20	100 个	102.46	6.33	648.57	
22	03150125	射钉	个	54.78	0.11	6.03	
23	03150139	圆钉	kg	4.19	4.67	19.59	
24	03150905	铁件(综合)	kg	14.32	4.58	65.59	
25	04010017	白水泥	kg	156.68	0.69	108.11	
26	04010019	普通硅酸盐水泥 42.5 MPa	t	72.61	460.18	33 411.68	
27	04030003	黄砂(过筛中砂)	m^3	209.87	189.81	39 836.13	
28	04090011	石膏粉	kg	6.08	0.53	3.22	

续表 6-7

序号	材料编码	材料名称及规格	单位	数量	单价(元)	合价(元)	备注
29	04090015	石灰	t	6.11	369.75	2 259.02	
30	04110031	石材块料	m^2	513.67	173.95	89 353.46	
31	05030003	板枋材	m^3	1.72	1 725.66	2 976.64	
32	05050015	装饰木夹板 1 220 mm×2 440 mm×3	m^2	132.59	25	3 314.85	
33	05090011	九夹板 1 220 mm×2 440 mm×9	m^2	126.57	28.77	3 641.33	
34	07000001	地板砖 300 mm×300 mm	m^2	36.73	50.44	1 852.77	
35	07000003	地板砖 400 mm×400 mm	m^2	421.44	56.04	23 617.46	
36	07000007	地板砖 600 mm×600 mm	m^2	233.8	65.78	15 379.29	
37	07010003	瓷砖 200 mm×300 mm	m^2	200.08	29.12	5 826.26	
38	09090001	PVC 扣板	m^2	37.59	21.44	805.97	
39	10010005	轻钢龙骨不上人型(平面)600 mm×600 mm	m^2	37.59	18.19	683.8	
40	11000005	成品门扇	扇	64	1 681.42	107 610.88	
41	11000007	门窗材	m^3	0.91	2 123.89	1 932.91	
42	11030013	钢质防火门	m^2	11.22	557.52	6 257.65	
43	11070003	不锈钢门吸	个	64.64	15.65	1 011.62	
44	11110005	塑钢推拉窗	m^2	220.44	207.96	45 841.76	
45	11110007	塑钢平开门	m^2	1.82	292.04	530.98	
46	12090001	PVC 板条	m	48.45	8.41	407.49	
47	13010007	丙烯酸清漆	kg	115.79	19.01	2 201.11	
48	13010065	成品腻子	kg	4 487.65	11.59	52 011.87	
49	13010079	漆片	kg	0.08	29.74	2.51	
50	13010085	无光调和漆	kg	56.34	14.47	815.28	
51	13030005	丙烯乳胶漆	kg	583.97	18.65	10 891.01	
52	13030053	乳胶漆	kg	1 110.73	15.37	17 071.97	
53	13050049	JS 复合防水涂料	kg	1114.35	9.73	10 842.59	
54	13350027	密封油膏	kg	86.4	1.53	132.2	
55	14010001	防腐油	kg	8.09	2.37	19.17	
56	14010003	清油	kg	2.11	16.19	34.15	

续表 6-7

序号	材料编码	材料名称及规格	单位	数量	单价(元)	合价(元)	备注
57	14010007	熟桐油	kg	5.12	16.99	87.04	
58	14050005	油漆溶剂油	kg	13.43	4.96	66.6	
59	14210001	环氧树脂	kg	7.08	34.44	243.82	
60	14350007	催干剂	kg	1.24	11.85	14.71	
61	14350013	发泡剂 750 mL	支	49.16	21.19	1 041.73	
62	14350027	工业酒精 99.5%	kg	0.52	2.12	1.1	
63	14390035	氩气	m^3	16.85	16.13	271.78	
64	14410003	108 胶	kg	752.32	2.04	1 534.74	
65	14410013	白乳胶	kg	49.44	6.19	306.04	
66	14410017	玻璃胶 310 g	支	129.74	8.92	1 157.3	
67	17050003	不锈钢管 $\phi 32 \times 1.5$	m	268.69	22.75	6 112.79	
68	17050005	不锈钢管 $\phi 60 \times 2$	m	50.03	61.14	3 058.78	
69	20030001	不锈钢法兰 $\phi 59$	只	27.24	24.78	674.95	
70	34090017	锯末	m^3	5.72	17.27	98.78	
71	34110003	水	m^3	152.39	5.87	894.52	
72	CLFTZ	材料费调整	元	−8.71	1	−8.71	
73	80210003	C15 现浇混凝土碎石 $<$ 40 mm	m^3	9.86	436.89	4 306.07	

表 6-8　人机汇总表

序号	名称	规格型号	单位	数量	单价(元)	合价(元)
一	人工					
1	综合工日(土建)		工日	87.516 26	110	9 626.79
2	综合工日(装饰)		工日	1 799.403 18	120	215 928.38
	小计					225 555.17
二	机械					
1	机械费调整		元	1.930 06	1	1.93
2	灰浆搅拌机	200 L	台班	23.607 11	178.82	4 221.42
3	混凝土振捣器	平板式	台班	0.806 06	7.74	6.24
4	木工圆锯机	500 mm	台班	0.132 59	28.23	3.74
5	木工单面压刨床	600 mm	台班	0.723 24	34.8	25.17

续表 6-8

序号	名称	规格型号	单位	数量	单价(元)	合价(元)
6	管子切断机	150 mm	台班	4.483 74	35	156.93
7	石料切割机		台班	23.810 34	48.43	1 153.13
8	抛光机		台班	0.707 96	27.19	19.25
9	交流弧焊机	32 kV · A	台班	1.732 61	94.74	164.15
10	电动空气压缩机	0.6 m^3/min	台班	1.633 32	40.21	65.68
	小计					5 817.64

表 6-9 措施项目清单汇总表

序号	项目名称	金额(元)
1	总价措施项目	20 780.69
2	单价措施项目	
	合计	20 780.69

表 6-10 措施项目清单与计价表

序号	项目名称	计算基础	费率(%)	金额(元)	备注
1	夜间施工费	省人工费	2.55	6 542.53	
2	二次搬运费	省人工费	2.18	5 593.21	
3	冬雨季施工增加费	省人工费	2.91	7 466.16	
4	已完工程及设备保护费	省直接费	0.15	1 178.79	
	合计			20 780.69	

表 6-11 规费、税金项目清单与计价表

序号	项目名称	计算基础	费率(%)	金额(元)
1	规费			61 548.65
1.1	安全文明施工费			41 939.4
1.1.1	安全施工费	分部分项工程费 + 措施项目费 + 其他项目费 - 不取规费_合计	2.34	21 954.86
1.1.2	环境保护费	分部分项工程费 + 措施项目费 + 其他项目费 - 不取规费_合计	0.56	5 254.15
1.1.3	文明施工费	分部分项工程费 + 措施项目费 + 其他项目费 - 不取规费_合计	0.65	6 098.57

续表 6-11

序号	项目名称	计算基础	费率(%)	金额(元)
1.1.4	临时设施费	分部分项工程费＋措施项目费＋其他项目费－不取规费_合计	0.92	8 631.82
1.2	社会保险费	分部分项工程费＋措施项目费＋其他项目费－不取规费_合计	1.52	14 261.27
1.3	住房公积金	分部分项工程费＋措施项目费＋其他项目费－不取规费_合计	0.21	1 970.31
1.4	环境保护税	分部分项工程费＋措施项目费＋其他项目费－不取规费_合计	0.27	2 533.25
1.5	建设项目工伤保险	分部分项工程费＋措施项目费＋其他项目费－不取规费_合计	0.09	844.42
2	税金	分部分项工程费＋措施项目费＋其他项目费＋规费＋设备费－不取税金_合计－甲供材料费－甲供主材费－甲供设备费	9	89 981.13
合计				151 529.78

参考文献

[1] 付庆向,吴敬辉.装饰工程造价[M].郑州:黄河水利出版社,2015.

[2] 住房和城乡建设部.建设工程工程量清单计价规范:GB 50500—2013[S].北京:中国计划出版社,2013.

[3] 住房和城乡建设部.房屋建筑与装饰工程工程量清单计量规范:GB 50854—2013[S].北京:中国计划出版社,2013.

[4] 住房和城乡建设部标准定额司.建设工程计价计量规范宣贯辅导[M].北京:中国计划出版社,2013.

[5] 山东省建设厅.山东省装饰装修工程工程量清单计价办法[M].北京:中国建筑工业出版社,2011.

[6] 山东省工程建设标准定额站.山东省建筑工程价目表[M].2016.

[7] 山东省住房和城乡建设厅.山东省建筑工程消耗量定额[M].北京:中国计划出版社,2017.

[8] 王在生.统筹e算实训教程[M].北京:中国建筑工业出版社,2011.

[9] 柯洪.建设工程计价[M].北京:中国计划出版社,2014.

[10] 付庆向.装饰工程计量与计价[M].南京:南京大学出版社,2015.

[11] 夏宪成.建筑与装饰工程计量与计价[M].北京:中国矿业大学出版社,2010.

[12] 陈祖德.室内装饰工程预算[M].北京:北京大学出版社,2008.

[13] 肖明和.建筑工程计量与计价[M].南京:南京大学出版社,2012.

[14] 张寅.建筑装饰装修工程计量与计价[M].北京:高等教育出版社,2011.

[15] 宋巧玲.装饰工程计量与计价实务[M].北京:清华大学出版社,2012.

[16] 沈华.建筑及装饰工程计量与计价[M].北京:高等教育出版社,2013.

[17] 吴锐.建筑装饰装修工程预算[M].北京:人民交通出版社,2012.

[18] 李瑞峰.建筑装饰工程造价与招投标[M].上海:东方出版中心,2012.

[19] 建设部标准定额研究所.全国统一建筑装饰工程消耗量定额[M].北京:中国计划出版社,2002.

[20] 住房和城乡建设部.建设工程劳动定额(装饰工程)[M].北京:中国计划出版社,2008.